# 海洋

## 蓝水世界探秘

〔美〕贝弗莉·麦克米伦 〔美〕约翰·缪吉克 编著 姜超 翻译

晨光出版社

**图书在版编目（CIP）数据**

UTOP 权威探秘百科 . 海洋 /（美）贝弗莉·麦克米伦，
（美）约翰·缪吉克编著；姜超译 . 一昆明：晨光出版社，2016.7（2024.4 重印）
ISBN 978-7-5414-8225-0

Ⅰ.①U… Ⅱ.①贝… ②约… ③姜… Ⅲ.①科学知识 – 少儿读物
②海洋 – 少儿读物 Ⅳ.①Z228.1 ②P7-49

中国版本图书馆 CIP 数据核字（2016）第 123025 号

Insiders Series — Oceans

著作权合同登记号　图字：23-2015-101号

出 版 人　杨旭恒

编　　著　〔美〕贝弗莉·麦克米伦
　　　　　〔美〕约翰·缪吉克
翻　　译　姜超
项目策划　禹田文化
执行策划　叶静
版权编辑　杨娜

审读编辑　赵佳明
责任编辑　李政　常颖雯
项目编辑　戢平
装帧设计　惠伟
内文设计　刘杨

出版发行　晨光出版社
地　　址　昆明市环城西路609号新闻出版大楼
邮　　编　650034
发行电话　（010）88356856　88356858
开　　本　242mm×265mm　16开
I S B N　978-7-5414-8225-0
印　　刷　凸版艺彩（东莞）印刷有限公司
经　　销　各地新华书店
版　　次　2016年7月第1版
印　　次　2024年4月第8次印刷
印　　张　4
字　　数　40千
定　　价　29.80元

退换声明：若有印刷质量问题，请及时和销售部门（010-88356856）联系退换。

# 跨进知识的新大陆

我们有两个世界，成人的世界和孩子们的世界，但这两个世界完全不一样。

一个是平面的、刻板的，几乎没有一点儿灵性。一个是多面的、神奇的，充满了五彩缤纷的幻想，简直就和童话一样，是一个奇异的魔方世界。

在成人眼睛里，科学是干巴巴的原理和枯燥的公式，在孩子们的眼睛里，科学是充满幻想的天地和有趣的故事。

为什么会这样？因为在刚刚进入世界不久的孩子们的眼睛里，什么都是新奇的。每一片树叶、每一颗星星后面，似乎都隐藏着一个秘密。每一颗沙粒、每一个浪花里面，好像都隐藏着一个新大陆。他们本来就有成人所没有的特异功能，是天生的幻想家。

为什么会这样？因为孩子们都有一颗求知的心，对身边不熟悉的世界，天生就有寻根问底的精神。他们才是最勇于发现的探索者。他们渴求知道一切，渴求发现科学的新大陆，做一个征服知识海洋的哥伦布。

什么知识最吸引孩子们的心？应是遥远的和新奇的，越遥远越有神秘感，越新奇越有吸引力。

要寻找这个地方，可不是一件容易的事情。

来吧，到这套书里来吧！这里有遥远的未知世界，这里有新奇的科学天地。

来吧，到这套书里来吧！这里有丰富的知识、精美的图片。

走进来吧！这里就是认识科学的起点。学会了，看懂了，就向科学的道路迈进了一步。一步步往前走，谁说这不是未来的科学家、未来的大师的起点呢？

**刘兴诗**
地质学教授、儿童科普作家

# 目录

# 聚 焦

### 浅水区

### 深海区

# 参 考

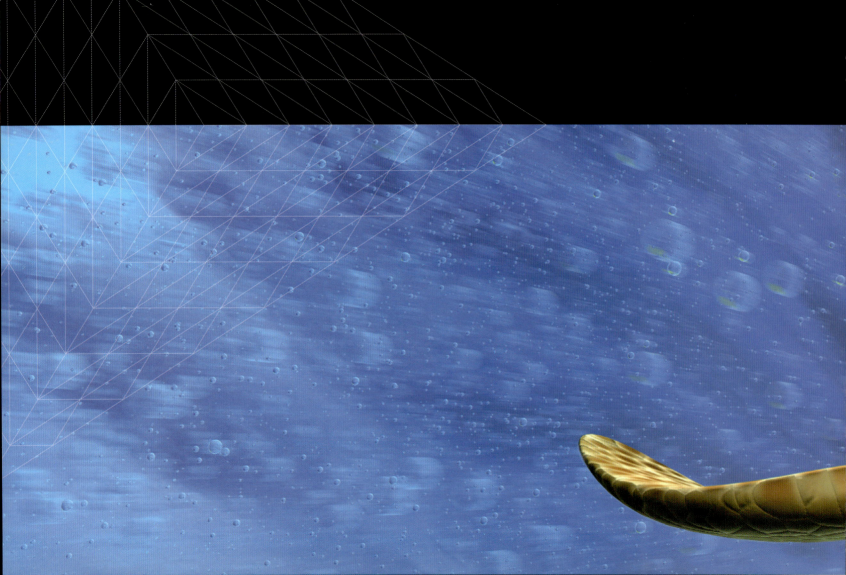

# 介绍

# 不可思议的
# 蓝色星球

　　地球表面超过 70% 的面积都被液态水覆盖，其中大部分是蔚蓝色的海洋。海洋占据了地球表面将近 3.61 亿平方千米的面积，比所有陆地面积之和还要大得多。海洋的平均深度为 3796 米，相当于 10 座帝国大厦的总高度。几十亿年前，最初的生命在海洋中出现。今天，海洋已成为无数动植物和其他生命体的家。海洋承载着各种客轮、货船的航行，同时又为我们提供了丰富的食物、矿物及其他多种产品。

## 世界海洋

　　世界上总共有五大洋，包括辽阔的太平洋和大西洋、印度洋、南大洋及北冰洋。这些大洋彼此相连，形成了一个统一的世界海洋。如果这些大洋的某个区域被陆地部分地包围，那么这一区域就叫做海。

**海洋的总面积**

**太平洋**
占海洋总面积的 46%

**印度洋**
占海洋总面积的 21%

**大西洋**
占海洋总面积的 23%

**北冰洋**
占海洋总面积的 4%

**南大洋**
占海洋总面积的 6%

**印度洋**
印度洋西起非洲东岸，东至东南亚和澳大利亚，是世界上唯一一个洋流随季节而改变方向的大洋——冬季洋流流向非洲，夏季洋流流向印度。

**南大洋**
南大洋环绕着冰冷的南极洲。在冬季，该地区大约有 2000 万平方千米的海域都被冰雪覆盖。

**从太空中看我们的地球**
从太空中看到的地球是蓝色的，因为地球的绝大部分都被海水覆盖。海水蒸发，便形成了云。

## 北冰洋

北冰洋由陆地包围，大部分洋面终年被冰雪覆盖。北冰洋底部有世界上最冰冷的海水。

## 太平洋

太平洋是世界上最大、最深的海洋，它约占海洋总面积的50%。环太平洋火山带是指从新西兰到智利南部的一个环形地带，这里火山和地震活动频繁。

## 大西洋

大西洋西起南、北美洲，东至欧洲和非洲的西海岸。世界上的许多条大河最终都会注入大西洋，比如密西西比河、亚马孙河和刚果河。

## 水循环

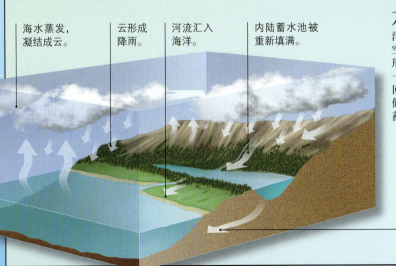

海水蒸发，凝结成云。

云形成降雨。

河流汇入海洋。

内陆蓄水池被重新填满。

地下水回归海洋。

**水**循环给地球提供了淡水资源。海洋中的水大量蒸发到空中，然后以雨水的形式落到地面。其中一部分淡水被河流带回海洋，另一部分则储存在湖中或地下的蓄水层。

### 海洋的深度

太平洋　大西洋　印度洋　南大洋　北冰洋　米

0
2000
4000
6000
8000
10000
12000

较长的柱条表示最大深度；较短的柱条表示平均深度。

### 咸水和淡水

河水、湖水、地下水、陆地冰川、水蒸气等都属于淡水，它们占地球总水量的将近3%，而其他97%都是咸水，以海水占绝大多数。

地球上的淡水

地球上的咸水

# 最初的**海洋**

地球形成于 46 亿年前，当时的地球与我们今天的世界大不相同。科学家们认为，当时的地球表面炙热而且多岩石，雷电活动频繁，火山时有爆发，还有黑色的烟云和气体直冲天空。此后，地球上最早的海洋开始出现。地球形成之初，来自太空的彗星或陨星撞击了地球。有理论认为，海洋中的一些水就来自这些星体的融冰，但更多的海水则是雨水形成的。大约在 2 亿年前，地球上出现了一块巨大的陆地，即泛大陆，它的周围是大片的海洋。

**漂移的地球表面**
地球表面被地壳板块分割成若干个部分。如下图红线所示，地球内部的深层力量推动板块移动，造成地震、海啸或火山喷发。

◀ ▶ 板块运动的方向

**不断变化的海洋**
随着时间推移和陆地的不断移动，洋盆有的扩大，有的缩小。5000万年后的大西洋可能要比今天宽广得多。

**2 亿年前**
海洋包围着单独的一块大陆，即泛大陆。

**9000 万年前**
泛大陆因板块运动而解体，大西洋洋盆开始形成。

**5000 万年后**
洋盆随板块运动继续改变形状。

**最初的大气层**
气体和水蒸气云雾形成了地球上最初的大气层。随着刚诞生不久的地球逐渐冷却，水蒸气也凝结成液体，并以雨水的形式落到地面。

**岩浆**
地球表面较深层的部分是黏稠状的岩浆。当火山爆发时，滚烫的岩浆携带着大量蒸汽和火山灰喷出地表。

**水循环的开始**
海洋或其他水体中的水蒸发到空中，然后又以雨的形式落到地面。这就是地球上水循环的开始。

**海水中的盐分**
火山喷发出的火山灰等物质中含有大量的化学成分，比如氯化物和硫化物，它们使海水变咸。

## 海洋的诞生

当早期炽热的地球冷却下来后，火山口中冒出的水蒸气便凝结成雨。雨水逐渐填满低洼处，并带来沿途的矿物质。数百万年之后，海水就已经覆盖了地球表面约 70% 的面积。

**岛屿的形成**
地壳板块的上升运动形成了新的陆地。同水循环一样，这些地质活动今天仍在进行。

**陆地和海洋的形成**
一些地壳没有发生变化，仍是干燥的陆地，而另外一些则下沉成为海床。

## 充满活力的海床

洋脊处的地质运动促使新的板块形成，它们又形成了新的海床。海洋总是这样一刻不停地运动着。

**被拉伸的海床**
海洋板块向洋脊两侧运动，新的地壳在这里不断形成。

板块拉伸。

**海陆冲撞**
当海洋板块滑入陆地板块之下时，上升的岩浆可能在沿岸形成火山或新的山脉。

陆地火山喷发。

**海海冲撞**
当一块海洋板块滑到另一块海洋板块之下时，喷发出的岩浆可能会在海面上形成火山岛。

海洋板块下沉。

板块拉伸。

海洋板块下沉。

海洋火山喷发。

**泥土和沉积物**
在被雨水冲刷了数百万年后，陆地表面因受到侵蚀而变得松软，土壤随后开始形成，海底也出现了沉积物。

# 水下景观

数千年来，人们一直无法测观到海平面以下几千米深处的景观。借助现代科技，我们发现水下的地貌特征同陆地上的非常相似：水下也有曲折的山脉、宽广的平原、幽深的峡谷以及地球上的最高峰——夏威夷岛。如果从位于太平洋底的山基算起，直到冰雪覆盖的山顶，这座由火山形成的岛屿才是全世界真正的最高峰。它高达10203米，足有33个埃菲尔铁塔加起来那么高！

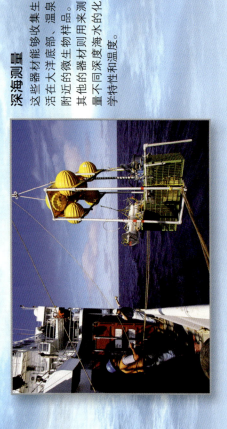

## 深海测量

这些器材能够收集生活在大洋底部、温泉附近的微生物样品，其他的器材则用来测量不同深度海水的化学特性和温度。

水下听音器

## 反射法勘探

人们利用声波研究海底的构造：首先通过气枪或者小型爆炸装置发出声波，声波向下传到海底。同时，安装在水面附近的水下听音器接收回声，并将其传回船上的计算机，再由计算机处理成图像。

声爆

## 遥控探测

技术人员在水面上的船只内工作，他们利用计算机控制水下的远程操作仪器及其他设备。

## 绘制海底地图

技术人员利用侧扫声呐绘制海底地图，或搜寻沉船以及失事的飞机。

**用声呐绘制的海底地图**

这是利用声呐绘制的美国洛杉矶沿岸海域地图，它显示出大陆架和大陆坡之间存在着巨大的落差。

## 海底世界

海洋深处的洋盆包含了连绵的海底山脉、海沟以及平坦的深海平原。它们的总面积占地球表面面积的一半多。

海沟

大洋中脊

洋盆

大陆隆

大陆坡

大陆架

## 如何观测水下

许多特殊的机器设备可以帮助科学家们探索海面之下的世界，如水下摄像机，可以跟踪声波的声呐设备等。

**1 侧扫声呐**

这种仪器发射声波，声波遇到物体或者障碍物后反射回来。船上的设备再将这些反射回声转化成一张海底世界的地图。

**2 水下机械手**

这种仪器能够在海底进行挖掘，并取一些海底的物种，从而可以了解一些生活在海底的动物种，比如蠕虫和类似虾的片脚类动物。

**3 平顶海山**

海底的火山或者被侵蚀的火山岛叫做海山。平顶海山就是山顶秃秃的海山。它们的顶峰曾经伸出水平的海面，但是海浪的侵蚀作用将其削平，现今发现的平顶海山多位于太平洋。

**4 俯冲带**

俯冲带是指一块地壳板块滑到另一块地壳板块之下的区域，这里往往会形成海沟。

**5 遥控潜水器**

遥控潜水器配有摄像机和其他设备。这种机器可以清楚地拍摄海洋世界中的动物、地貌特征以及其他水下物体，比如沉船。

**6 海沟**

当一块大洋板块滑到另一板块之下时，会在俯冲带形成又深又长的裂口——海沟。位于西太平洋的马里亚纳海沟是世界上最深的海沟，深达11034米，比夏威夷岛的高度还要高。

# 运动的海洋

　　海浪和海洋潮汐是海洋最显著的两个特征，海洋学家多年来一直在努力研究它们形成的原因。当有外力促使海水运动时，就会形成海浪，它有时甚至能覆盖数万千米远的距离。大部分海浪是风力制造出来的，因此得名风浪。另一种海浪叫做地震海浪，也称海啸，是由海底地震、滑坡或者火山爆发牵动海底而形成的。海洋潮汐位于海洋表面，是范围极广的海浪，也是唯一有规律可循的海浪。它们由引力形成。

### 破浪点
当海浪涌向海岸时，基部的摩擦力会使海浪前进的速度变慢，浪头向前推进并在上方破碎。

### 海浪内部
海浪内部的水珠向上、下、前、后各个方向不停飞溅。

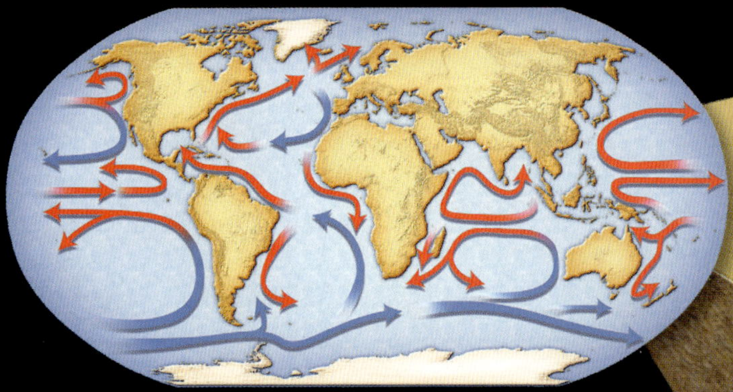

### 洋流
风力是形成洋流的主要原因。一些这样的水流环形运动，形成环流。如图所示，五大洋中都各有一个环流。蓝色箭头代表寒流，红色箭头代表暖流。

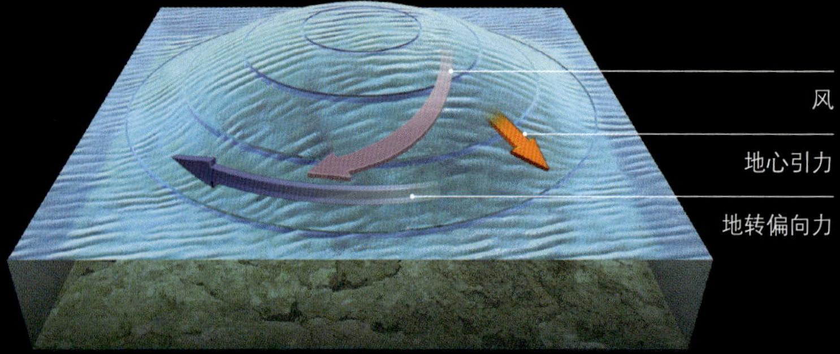

风
地心引力
地转偏向力

### 洋流的偏转
地心引力将洋流拉向低压带。地球自转同样影响洋流的运动——北半球洋流顺时针（向右）偏转，南半球洋流则逆时针（向左）偏转。引起这种偏转的力，叫做地转偏向力。

### 如何测量海浪
　　风浪向上卷起形成波峰，然后向下卷曲形成波谷。两个波峰之间的距离叫做波长。波峰与其两侧任意一个波谷的落差，叫做浪高。

## 不可抗拒的力量

月球和太阳的引力对地球上的海水产生拉力，这便形成了潮汐。涨潮、落潮每天随地球的自转交替发生。

### 望月大潮
月球与太阳相对。

月球围绕地球运行的轨道

满月　地球　太阳

### 朔月大潮
月球与太阳在地球同侧。

新月

月球围绕地球运行的轨道

地球　太阳

### 方照小潮
月球与太阳成直角。

月球围绕地球运行的轨道

地球

上弦月或下弦月

太阳

### 海浪形成
风吹过海面，为海浪的形成提供动力。

波峰

波谷

### 登陆
当接近陆地时，海浪变得更加汹涌。波峰增高，同时波长变短。

### 减速
当海浪到达浅海区时，海洋底部产生的摩擦力如同"刹车"一般，减慢了海浪前进的速度。

### 海啸
海啸在接近陆地时变得异常猛烈。这时水墙的推进速度超过756千米/小时，海浪高达30米，有10层楼那么高。它们能给沿岸地区造成巨大破坏，2004年印度洋发生的大海啸，几乎摧毁了整个印度尼西亚的班达亚齐市（右图）。

# 海洋和气候

正如风吹过海面形成海浪一样，大气和海水的其他一些相互作用也影响着天气和气候。晴天、雨、风暴等都叫做天气现象，它是指某个地区每天的天气情况；而气候是指一个地区长期的天气状况。巨大的空气团在地球高空运行，承载着大量以气体形式存在的水，即水蒸气，它们大多由海水蒸发而来。空气中的水蒸气随大气运动，飘移数万千米后，又会以雨或雪的形式落回地面。如果有强风来袭，降雨还有可能转变成暴风雨。

## 全球气候变化

人类的各种行为，如燃烧汽油，或向大气中排放大量二氧化碳、其他气体等，都可能影响全球的气候。这些气体在大气层中积聚，就像一块保温的毛毯覆盖在地球表面，使全球平均气温逐渐升高。许多地区的气候也随之发生了变化。

### 冰雪融化

随着全球气温不断升高，两极的冰雪也开始融化。这张照片显示了南极海域的冰层正在破裂。

## 超级风暴

飓风可以发展成为超级风暴，波及范围超过 1000 千米，高度近 16 千米。

## 云是什么

云是由水蒸气中的小水滴大量聚集形成的。能形成风暴的云层里都包含着大量的水蒸气，所以从地面上看，这些云层的颜色都很深。

## 上升流

上升流是指大洋底部的冰冷海水不断涌向海面的现象。它们就像传送带一样，将沉积在海底的食物和底层富含营养的海水输送到海面浅水区，为那里的鱼类和其他生命提供养料。如果上升流被打断，浅水区的海洋生物将有可能饿死。

### 鱼的位置

捕鱼船队在鱼群大量出没的水面放置捕鱼设备。

### 海滨温暖的海水

表层温暖的海水流向大海，取而代之的是从深处上升的冰冷海水。

### 风向流

海风吹拂海水，在沿岸形成洋流，它们把海滨温暖的海水带向大海。

### 海产品丰富的水域

有上升流的海域通常食物丰富，人们在此可以捕到大量的鱼。

### 上升流

寒冷的上升流给浅水区的浮游生物带来大量食物。

### 厄尔尼诺现象

厄尔尼诺（意为圣婴，基督的儿子）是一股异常的暖流，它穿过太平洋一直流向南美洲，影响沿途的上升流。在这片海域里，海洋生物找不到食物，气候也随之变化。

- 🟧 更温暖
- 🟪 更潮湿凉爽
- 🟫 更干燥
- 🟦 更潮湿
- 🟦 更潮湿温暖

## 飓风的形成

当温暖海域的海水蒸发上升并遇到空气逆时针旋转时，就会形成风暴。飓风是指风速达到 118 千米／小时以上的风暴，它席卷着温暖潮湿的气体，在空中高速旋转。飓风的英文名字"hurricane"，在加勒比印第安语中有"风之神"的意思，有些地方也把它叫做旋风或台风。

**洪水**
随着冰雪融化的融水汇入海洋,海平面正在不断上升。将来,沿岸地区的洪水将比现在发生得更加频繁。

**风暴增多**
海洋温度上升,可能会引起包括飓风在内的更多的热带风暴。上图中,风暴正在袭击美国加利福尼亚州海岸的一座房子。

**珊瑚白化**
海水温度上升是造成珊瑚白化的原因之一,它将导致珊瑚虫大量死亡。上图显示的是澳大利亚大堡礁的白化珊瑚。

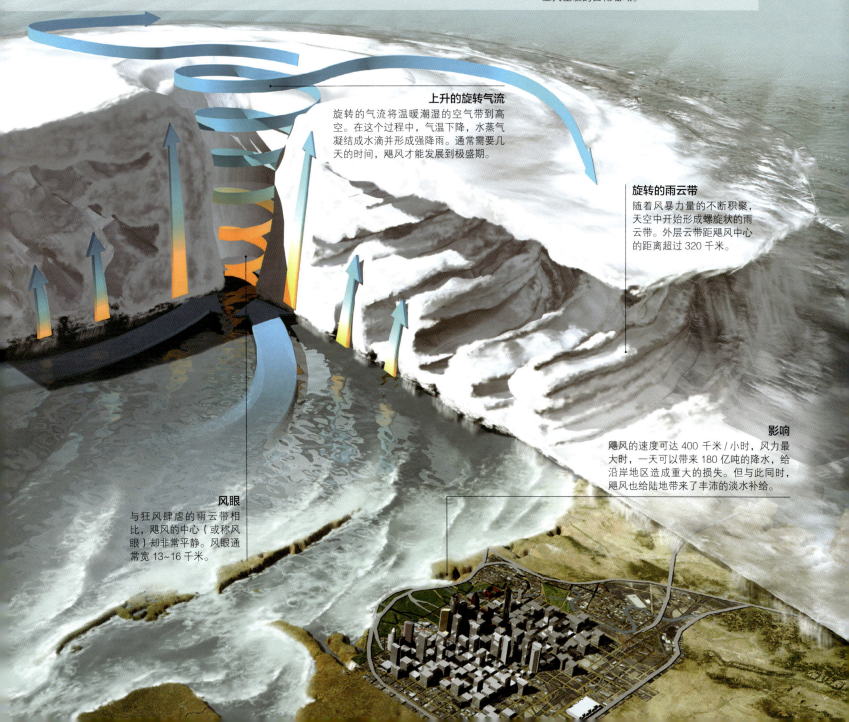

**上升的旋转气流**
旋转的气流将温暖潮湿的空气带到高空。在这个过程中,气温下降,水蒸气凝结成水滴并形成强降雨。通常需要几天的时间,飓风才能发展到极盛期。

**旋转的雨云带**
随着风暴力量的不断积聚,天空中开始形成螺旋状的雨云带。外层云带距飓风中心的距离超过 320 千米。

**影响**
飓风的速度可达 400 千米/小时,风力最大时,一天可以带来 180 亿吨的降水,给沿岸地区造成重大的损失。但与此同时,飓风也给陆地带来了丰沛的淡水补给。

**风眼**
与狂风肆虐的雨云带相比,飓风的中心(或称风眼)却非常平静。风眼通常宽 13~16 千米。

# 海域和分层：
# 海洋栖息地

　　波涛汹涌、潮起潮落只是海洋的一部分现象，并不是海洋的全部。同陆地上一样，海洋中也有各种各样的生命。水深、温度和光照是决定海洋不同区域的有机体和物种数量的三大因素。海洋可被分为 3 层：光照充足的上层水团、昏暗的中层水团和漆黑的深层水团。大部分海洋生物都生活在海床附近，其范围包括从海岸一直延伸至最深海沟的底部这一块狭长地带；其他生物则生活在广阔的海水区内，很少造访海床。科学家们估计，海洋中至少生活着 50 万种不同的海洋生物。

## 海域

最温暖的海域位于热带地区，最寒冷的海域则在两极附近，温带海域的水面温度介于这两者之间。水温的高低直接影响了生活在这片海域的生物类型。

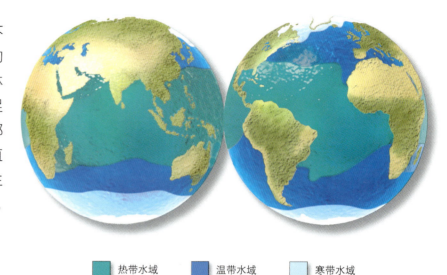

■ 热带水域　■ 温带水域　□ 寒带水域

## 自上而下：海洋的分层

根据海水的光照度，人们将海洋分为3层。
科学家们还根据深度的不同，将海床划分成不同的地带。

**光照带**
海面至水下 200 米深

**暮色带**
水下 200 米至
1000 米深

**黑暗带**
水下 1000 米以下

海岸

大陆架

大陆坡

深海平原

**极地生物**

只有少数动物可以终年生活在极地海域中。一些极地鱼类的血液不会冻结；海象、鲸和北极熊的脂肪很厚，并覆盖着保暖的厚皮毛，可以起到很好的保温作用。

**温带生物**

许多生活在温带海洋中的动物，会随季节的变化而来回迁徙。人类食用的大部分海洋鱼类都是在这片海域中捕获的。

## 表面温暖，深层寒冷

太阳光只能温暖海洋上层的海水，这里也是大多数海洋生物的聚集区。尽管极地海水冰冷，热带海水温暖，但到了 1000 米以下的深度，也就是黑暗带，全世界海水的水温都变化趋缓，都很寒冷。

**热带生物**

在温暖的热带海域中，生活着世界上种类最多的海洋生物。珊瑚礁，有时也被称做"海洋中的热带雨林"，通常形成于崎岖多岩石的热带海底。

**温暖的热带海域**

热带海域的海面温度通常高于 20℃。在有些地方的浅水区，海水可达 29℃，像温热的洗澡水一样。

**冰冷的极地海域**

极地海域表面的平均水温在 5℃ 以下。冬天海面结冰后，温度会比平均温度低得多。

**冷和热**

在温带海域，海水表面的平均温度约为 10℃，凉爽宜人。它随季节而变化，夏天很温暖，冬天很寒冷。

# 为海而生：
# 适应性进化

　　为了生存和繁殖后代，许多海洋动物都进化出了一些特殊的身体结构，人们把这种变化称为适应性进化。例如，鱼类有能在水中呼吸的鳃；一些靠肺呼吸的海洋生物，如鲸、海豹、海龟等，都能在海水中长时间憋气；行动迅速的食肉动物，如尖吻鲭鲨，有流线型的身体和锋利的牙齿，可以迅速捕捉并咬碎猎物。除此之外，很多适应性进化也出于自我保护的目的，像海胆多棘刺的体表、一些动物的毒液、蚌能在泥沙中打洞的本领等，都能在危急时刻挽救生命。另外一些海洋生物则是伪装的高手——它们利用身体的形状和颜色与周围的环境融为一体。

**适于游泳的强壮肌肉**
蓝鳍金枪鱼一生都要游动，所以需要适于游泳的强壮肌肉。它们的肌肉就是我们所吃的鱼肉。人们为了满足口腹之欲而大肆捕捞，是蓝鳍金枪鱼成为濒危物种的重要原因。

**天生的龙骨**
蓝鳍金枪鱼的尾巴基部有一处弯曲的、类似船体龙骨的特殊结构，可以减小游动时的阻力，这也是适应性进化的一种表现。

**新月形的尾巴**
蓝鳍金枪鱼的尾鳍呈新月形，窄而坚硬。这种形状可以有效减小水流产生的阻力，使蓝鳍金枪鱼游得更快。

**小鳍**
小鳍尖而灵活，能够理顺经过蓝鳍金枪鱼尾部的水流。

**温热的肌肉**
细脉网也称奇网，是位于蓝鳍金枪鱼肌肉内的血管网。它使温热的血液流经蓝鳍金枪鱼全身各个部位，保证它们在冰冷的海水中可以快速游动。

**畅游海洋**

**曾经的游泳健将**

　　**鱼**类在水中已经存在了4.4亿多年，但是它们并不是唯一能够畅游海洋的物种。其他动物，如爬行动物和哺乳动物，也进化出了适于快速游泳的特征。

**近似鱼的鱼龙**
鱼龙很像鱼，其实它们是一类古老的爬行动物，在大约9000万年前灭绝。它们游动的速度可达40千米/小时。

**涉水的蛇颈龙**
蛇颈龙长有巨大的、像船桨一样的鳍状肢。化石显示蛇颈龙身长14米，相当于8个人的身高总和。它们在大约6500万年前和恐龙同时灭亡。

**游动的鱼雷**
它们的身体很像一枚鱼雷。这种流线型的体形可以节省体力，使蓝鳍金枪鱼仅仅耗费较少的力气，就能实现高速游动。

**可折叠的鳍**
当在高速游动或追逐猎物时，蓝鳍金枪鱼的背鳍收缩，使身体呈现更完美的流线型。此时，胸鳍也折叠进身体侧面的槽里。

**提供氧气的鳃**
蓝鳍金枪鱼的鳃颜色鲜红，上面的褶状物就像一台空气过滤器。鳃面很大，可以在游动时提供充足的氧气。

**猎食者的大眼睛**
它们的大眼睛可以轻松搜寻到海水表面或更深海域中的猎物。

**双向隐蔽**
背部呈深蓝色，但腹部和侧面却为银色。这种双向隐蔽的保护色可以使它们不被水中的猎食者和猎物发现。

**坚挺的身体**
蓝鳍金枪鱼游动时，身体会保持坚挺的状态，这是另一种减小阻力的办法。

**游动或者死亡**
为了保证大量富含氧气的海水流过鳃部，蓝鳍金枪鱼一生都要张着嘴不停游动，一刻不得停歇。这样的游动也保证了蓝鳍金枪鱼不会下沉。

**像树叶一样的海龙**
有些海龙拥有黄绿色的身体和枝叶状的附属物，这使它们能够隐藏在海草丛生的海底。这些奇怪的鱼还会用像猪鼻子一样突起的嘴吸食小虾之类的微型猎物。与擅长游泳的蓝鳍金枪不同，海龙一直悬浮在海底，在静止的海草中觅食。

## 为速度而生：蓝鳍金枪鱼

蓝鳍金枪鱼的身体很像子弹，尾部呈新月形，这些特性成就了它们非凡的捕食能力。蓝鳍金枪鱼正常的游泳速度为 1.3 千米 / 小时，在鱼类里已属高速。当追逐猎物时，它们还可以在不到 10 秒的时间里，加速到 20~30 千米 / 小时。

## 现在的游泳健将

**强壮的尖吻鲭鲨**
尖吻鲭鲨身上的许多进化特征同蓝鳍金枪鱼类似，如流线型的身体、双向隐蔽的保护色等，这都有利于它们高速游动捕食以及躲避危险。当两种不同类型的动物进化出相似的身体特征时，我们把这种现象称为趋同进化。

**海洋中的哺乳动物**
海豚属于哺乳动物，但是它们也进化出了适应水下生活的特征，比如像鱼一样的身体，以及用于水下交流的复杂的声音系统。然而，它们还是和鲸、海豹、海狮、海獭等哺乳动物一样，用肺呼吸。

# 海洋中的**迁徙**

有些海洋生物擅长长途迁徙，可以途经几个大洋。鸟类、鲸、海龟、某些鲨鱼等都是专业的长途旅行家，它们利用太阳、声音、气味，或者地球的磁场导航，可以找到数万千米之外的目的地。而在恰当的时候，它们又会原路返回。有些动物长途跋涉是为了交配，有些则是为了给自己的幼仔寻找食物和居住的地方。当海水温度和其他条件随季节而变化时，迁徙的本领决定着它们能否生存。

## 追踪海龟

科学家们利用卫星研究海龟的迁徙习性。海龟游过数万千米，穿越大西洋，通过感觉地球磁场为自己导航。

### 信号传送器
科学家在海龟背部装上卫星信号传送器。

### 卫星信号
当海龟在海面上游动时，信号传送器便将信号发给卫星。

### 追踪站
卫星再将这些信息传回地面追踪站。

### 计算机记录
计算机负责接收信息，记录下海龟的位置。

### 科学研究
科学家们监测海龟的迁徙路径，并将这些信息用于科学研究。

### 北极燕鸥
北极燕鸥从北极圈附近的北美洲出发，穿过大西洋，一路飞向南极洲，全程飞行超过 19000 千米。

### 灰鲸
在哺乳动物中，灰鲸的迁徙距离最长，它们在北太平洋度过盛夏，冬天时则游到南部 8000 千米以外墨西哥的加利福尼亚半岛，并在那里完成交配。

### 大青鲨
大青鲨每年搭乘大西洋的环流——墨西哥湾流横穿大西洋，之后再返回起点。

### 危险的旅程
海洋中的迁徙漫长而危险，时常面临风暴、天敌或其他来自自然界的威胁，许多动物不幸死在途中。捕鱼船队熟知鱼群的迁徙路径，能够找到最合适的地方进行捕捞。

### 成年海龟
海龟要长到 20 岁左右才算是成年，但是只有少数幼龟能够活到这个年龄。

## 往返于海洋和沙滩

雄性海龟终年生活在水中。雌性海龟则在交配后，经过长途跋涉回到自己多年前出生的海滩产卵。

**1 首次相遇**
成年的雄性海龟和雌性海龟在大西洋中相遇。

**2 神秘的交配**
海龟在水中交配，科学家们对此还知之甚少。

**3 产卵**
雌性海龟回到自己出生的海滩，在沙滩上产卵。

**4 小海龟**
刚孵化出来的小海龟爬进海里，开始它们的海洋旅行。

**5 成长**
经过数年的成长，海龟成年了，就可以进行交配了。

**小海龟**
为了更好地躲避天敌，小海龟常隐藏在棕绿色的海草中向前游动。

### 生活在马尾藻海中

小海龟游入墨西哥湾流，并被这股强大的洋流带到马尾藻海。那里的海面上漂浮着大量海藻，小海龟将在此居住、生长多年。

# 海洋面临的**威胁**

虽然海洋如此辽阔，但它同样面临威胁。地球上生活着70亿左右的人，越来越多的人选择在海边居住。人们要吃饭，由此便产生了一个重要问题——过度捕捞。每天，都有大量的渔船满载而归。同时，原油泄漏、污水排放、农田径流、船只倾倒、化工废料等，也对海洋造成了污染。海滨附近新建起的城镇和房屋，更使自然的海岸景观消失不见。我们只有更多地了解这些威胁，才能知道怎样采取措施，保护海洋以及生活在其中的生物。

## 世界遗产地

全世界有超过20多处的世界遗产地（图中的红点处）分布在沿海国家，国际社会需要共同努力保护好这些遗产和财富。在这些遗产中，有美丽的珊瑚和暗礁，也有历史上的沉船残骸。

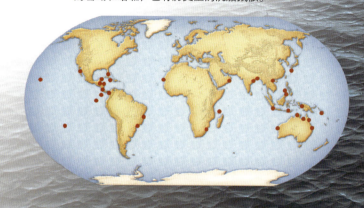

## 濒临灭绝的物种

**不**当的人类活动把海洋生物带入绝境。如果我们不能及时采取保护措施，那么相当多的海洋生物都将走向灭绝。

### 蓝鲸
世界上最大的哺乳动物。因捕鲸的泛滥，目前数量稀少。

### 棱皮龟
现在，所有的海龟都濒临灭绝。爱吃海龟蛋和龟肉的人越来越多，有的人甚至为了获得龟壳而大肆捕杀海龟。

### 信天翁
这些大型海鸟在觅食时经常被渔网和鱼钩困住。

### 锥齿鲨（沙虎鲨）
过度捕捞是这类鲨鱼面临的最大威胁。

### 红树林
人们利用海域进行鱼虾养殖，却破坏了海滨的红树林。

### 珊瑚
海水受到污染导致珊瑚大量死亡。人类利用炸药捕鱼，也毁坏了珊瑚礁。

## 人工暗礁

世界各地都有人特意将旧船沉入海中（如下图）。它们在海底形成人工暗礁，成为众多海洋生物的家：海葵和一些软体动物只有附着在坚硬的物体上才能存活，而一些鱼类则需要寻找藏身之处。

### 准备沉船
清洗旧船，确保有害物质全部被清除后，人们便将旧船沉入海底，从而形成人造暗礁。

### 入住安家
几个月后，海葵和其他生物开始搬进沉船，在这里安家落户。这些沉船残骸还能够起到保护海床的作用。

### 海底的绿洲
经过一段时间，各种生物就会在海床形成一个绿洲。人工暗礁附近的生物数量和种类随着时间的推移而不断增加。

### 过度捕捞导致濒危
现代渔船一网可以捕捞几吨重的鱼。一些物种，如鳕鱼、金枪鱼等，都因过度捕捞而濒临灭绝。

## 原油泄漏事故

　　原油泄漏是一种重大的海洋灾难。在1989年发生的一次著名泄漏事故中，超级油轮"埃克森·瓦尔德斯号"在美国阿拉斯加州的威廉王子海峡搁浅。虽然只泄漏了船内22%的原油，但这却用了数年时间才清理干净，耗资几十亿美元。

**1 "埃克森·瓦尔德斯号"**
"埃克森·瓦尔德斯号"搁浅，大约有4000万升原油泄漏。

**2 直升机喷洒**
直升机喷洒出一种强效清洁剂，但也只能清除大约5%的原油。

**3 海滨的沙滩和岩石**
人们正用高温热水冲洗岸边的岩石和沙滩。后来科学家们发现，这种方法同时也杀死了岸上的许多小动物。海岸要经历数年时间才能恢复原貌。

**4 浮油**
三分之一的原油漂浮在海面上，形成光亮的浮油层。浮油污染了阿拉斯加至少600千米的海岸线。

**5 工作人员**
超过11000人参与了这次原油清理工作。

**6 围油栏**
围油栏将海面附近大面积的原油包围起来。少量漏油被燃烧掉，一些被撇油船抽走，而大部分原油都蒸发到了空气中。

**7 海洋生物**
人们用吸油毯清洗被原油浸透的海鸟。大量鸟类死亡，只有一小部分存活下来。海獭、鲸以及数以千计的鱼和鱼卵都死于这场灾难。

# 深海**传说**

人类对深邃的海洋充满无限好奇，并不断猜测海面下到底生活着什么样的生物。在科学家们发明出深海潜水器之前，人们对于海洋的认识还仅限于一些海怪和美人鱼的神话传说——有些只是凭空幻想，有些则有现实依据，如挪威海怪的故事。传说中，挪威海怪是一种类似章鱼的大型动物，经常攻击过往的船只。一些人认为这种传说起源于在渔夫中流传的大王乌贼的故事，这种巨大的乌贼生有长长的触手，身长超过 6 米。

## 遭遇海蛇怪袭击

风暴和其他灾祸都会对早期海员的生命构成威胁。此外，许多人也相信巨大的海蛇怪会攻击不幸的船只。可能当时的人们把皇带鱼误当成了海蛇怪。皇带鱼是一种真实存在的鱼，它们形似鳗鱼，背上长着锋利的红刺，身长可达 7.6 米。

### 大海的女儿

传说中的美人鱼有着一头长发和鱼那样的尾巴，许多以捕鱼为生的民族都有关于美人鱼的故事。在古希腊神话中，一个名叫塞壬的美人鱼经常用美妙的歌声诱惑船员，使船触礁沉没。

### 挪威海怪

挪威的渔民可能是最早声称见过挪威海怪的人。这种海怪体型巨大而恐怖，据说它们只用触手就可卷起船只，将其拉入水底。

### 消失的帝国

传说中，一座名叫亚特兰蒂斯的岛屿城市在一次大地震后沉入海底。有人认为亚特兰蒂斯确实存在过，就位于今天地中海的克里特岛附近。

# 航海大发展

数千年来，人类为了寻找新大陆、财富和探险，足迹遍布各大洋。古代埃及人、波利尼西亚人和维京人都是最早的海上探险家。当时的人们还没有航海图，只能依靠星星和一些有关洋流、海风的知识辨别方向。一次远洋航行通常需要几个月甚至几年的时间。海洋上危机四伏，如风暴、疾病以及其他险情等，这致使很多船队离港后就再也没有回来。后来，人们逐渐发明了一系列协助航行的工具。有了这些工具，再加上一些运气，他们就能平安返航了。

## 地球的边缘

很久以前，人们认为地球是平的。有人担心，如果船只航行到离岸很远的地方，就有可能跌进陆地边缘的深渊，落入可怕恶龙的巨爪中。

## 探索新大陆

在人类历史上，海上航行大多以人力和风力为动力。造船工匠们凭借智慧和经验，打造出经得起风浪的船只。到 1876 年时，地球上所有的陆地几乎都被探索过了，于是探险家们便把目光转向了海洋的深处。

**1** 公元前 4000～前 3000 年：
**古代埃及商船**
古代埃及人用捆扎的纸莎草和芦苇造船，他们的船通常只在近海地区活动。

**2** 公元前 1500～公元 300 年：
**波利尼西亚人驾木舟穿越太平洋**
波利尼西亚人是航海能手，他们利用洋流和海风导航，成功穿越了南太平洋。他们的支架木舟有 30 米长。

**6** 1492 年：哥伦布和他的
"圣玛利亚号"
"圣玛利亚号"是一艘庞大的货船。1492 年，哥伦布驾驶它从西班牙出发，穿越大西洋，行至北美洲。不幸的是，该船于 1492 年的圣诞节那天在海地触礁。

**7** 1519～1552 年：麦哲伦的
"维多利亚号"
"维多利亚号"是第一艘进行环球航行的船只。1521 年，葡萄牙籍的船长麦哲伦遇刺，此后他的船员们继续前行。船队起航时共有 5 艘船只和 285 名船员，返航时只剩下"维多利亚号"和幸存的几名船员了。

## 海员如何辨别方向

**最**初，海员们依靠太阳和星星辨别方向。早期测量纬度的仪器出现后，海员们通过它定位自己在赤道以北或以南的位置。后来又发明了可以测量经度的仪器，人们由此可以进一步确定船只位于出发点以西或是以东的位置了。

**十字测天仪**

十字测天仪比星盘更精确。这两种工具都要求使用者观测两个地方——地平线和太阳或者北极星，它们受天气影响很大，阴天时无法使用。

**星盘**

早期的海员使用星盘定位船只的经度，盘面指针能显示出船只相对于太阳或北极星的大致位置。

**六分仪**

六分仪内的小镜子能反射出太阳的影像。通过它，导航员可以同时观测到太阳和地平线的位置。

**航海表**

航海表可以精确显示某个固定地点的时间。通过比较所处地点的当地时间和航海表显示的时间，领航员可以计算出船只所处的经度。

**③ 公元前 300~公元 200 年：中国的探险家**

中国的海员最先开始使用有多根桅杆的船。他们还发明了舵和指南针。现在在中国仍有人使用这种船。

**④ 公元 700~1000 年：维京战士**

维京人驾驶由桨和帆推进的船只探索北大西洋。他们在 1000 多年前就到达了北美洲，比哥伦布早得多。

**⑤ 1400~1500 年：葡萄牙航海家**

15 世纪时，葡萄牙商人为寻找通往印度的商路，开始使用一种有 3 根桅杆的卡拉维尔帆船。这种船体形小，易于操作。

**⑧ 1768~1771 年：库克船长和"奋进号"**

英国船长库克指挥着"奋进号"远涉重洋，探索塔希提岛，并在航行中造访了新西兰和澳大利亚东海岸。在此之前，"奋进号"是一艘运煤船。

**⑨ 1872~1876 年："挑战者号"**

"挑战者号"是第一艘用于研究深海的船。从此以后，人们探索的注意力逐渐从海面转向海洋深处。科学家就是在这艘船上发现了世界上最深的海沟——马里亚纳海沟。

**静索**

并不是所有的索具都是用来移动船帆的，横桅索是一种很粗的静索，用于固定船桅。海员们可以爬上系在横桅索上的绳梯，维修船体或观察地平线。

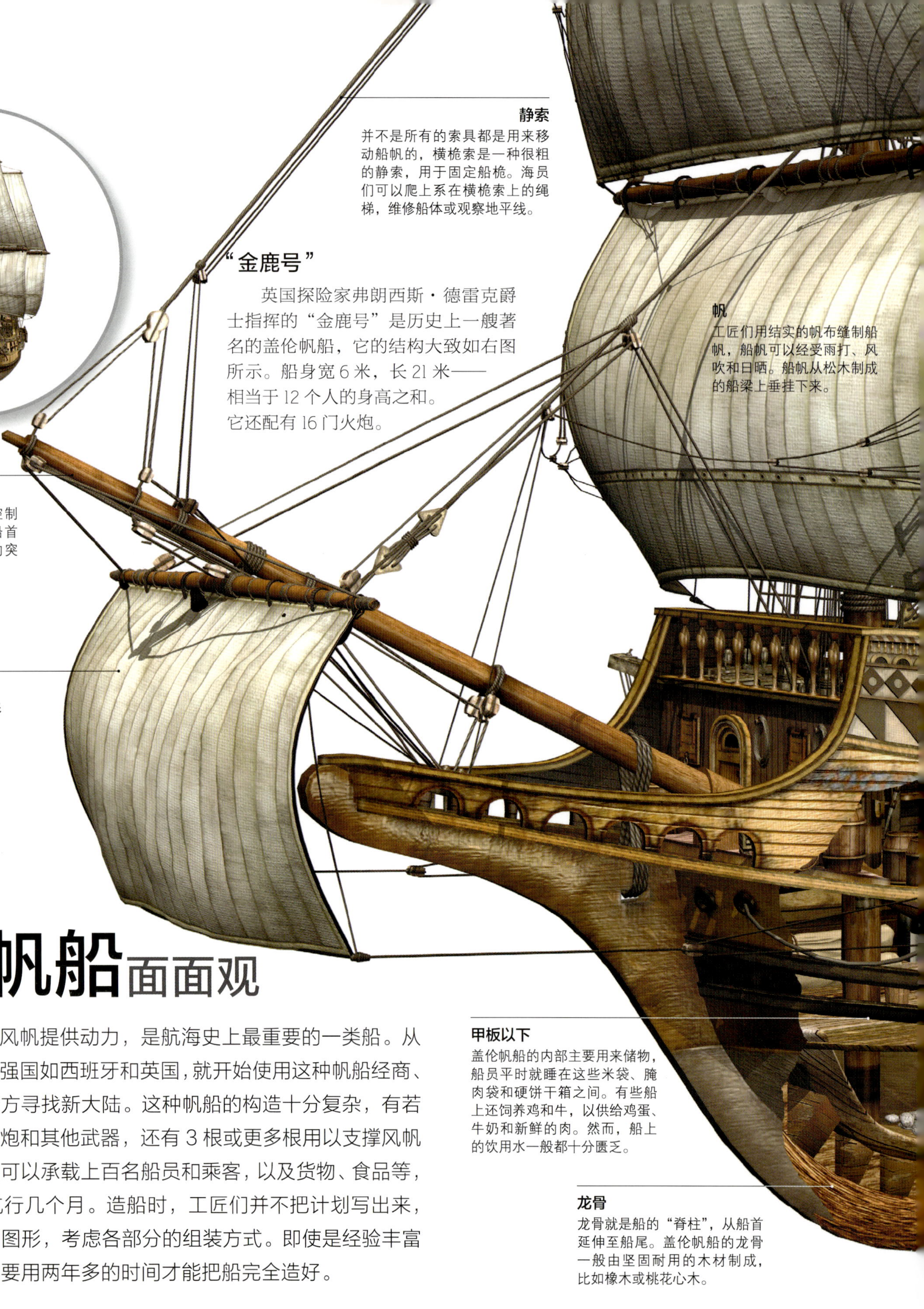

**"金鹿号"**

英国探险家弗朗西斯·德雷克爵士指挥的"金鹿号"是历史上一艘著名的盖伦帆船，它的结构大致如右图所示。船身宽 6 米，长 21 米——相当于 12 个人的身高之和。它还配有 16 门火炮。

**帆**

工匠们用结实的帆布缝制船帆，船帆可以经受雨打、风吹和日晒。船帆从松木制成的船梁上垂挂下来。

**船首的斜桅**

船首斜桅上拴有控制前桅帆的绳索。船首斜桅下方鸟喙般的突起叫做撞角。

**船首的横帆**

安装在船首的方形帆叫做横帆。

# 盖伦帆船面面观

　　盖伦帆船依靠风帆提供动力，是航海史上最重要的一类船。从 16 世纪开始，海上强国如西班牙和英国，就开始使用这种帆船经商、发动海战以及到远方寻找新大陆。这种帆船的构造十分复杂，有若干层甲板，配有火炮和其他武器，还有 3 根或更多根用以支撑风帆的桅杆。盖伦帆船可以承载上百名船员和乘客，以及货物、食品等，并可在海上连续航行几个月。造船时，工匠们并不把计划写出来，而是在大脑中绘制图形，考虑各部分的组装方式。即使是经验丰富的造船匠，通常也要用两年多的时间才能把船完全造好。

**甲板以下**

盖伦帆船的内部主要用来储物，船员平时就睡在这些米袋、腌肉袋和硬饼干箱之间。有些船上还饲养鸡和牛，以供给鸡蛋、牛奶和新鲜的肉。然而，船上的饮用水一般都十分匮乏。

**龙骨**

龙骨就是船的"脊柱"，从船首延伸至船尾。盖伦帆船的龙骨一般由坚固耐用的木材制成，比如橡木或桃花心木。

**尾楼甲板**
尾楼甲板即盖伦帆船
尾部的甲板，它们的
上方开有小窗，是船
上长官们睡觉的地方。

**横帆式**
盖伦帆船的主帆是横向
悬挂的，而不是纵向放
置，这种安装船帆的方
式叫做横帆式。

**炮门**
盖伦帆船的大部
分火炮都安置在
主甲板之下。

**船舱**
即使非常小的盖伦帆船也至少有 3 层
甲板，能够承载 450 多吨重的货物。
船舱内还装有用于维修的备用绳索。

**压舱物**
船舱底部装有压
舱的重物——通
常是石头，用来
防止船身倾斜。

**海上生活**
盖伦帆船上的生活既脏又充满危险。船员
们的生活空间狭小，老鼠肆虐。他们在几个
月的航行里，通常只穿同一身衣服，共用一个
肮脏的厕所。许多船员在返港之前就因疾病或受
伤而死亡了。

# 危机四伏的海洋

风险一直威胁着出海的每一艘航船，人类在航海之初就开始了与风暴的斗争。狂暴的风浪能够把船掀翻或者将它们吹离航线。许多海域还有海盗出没，他们抢夺财物、杀戮船员。一些险情也潜伏在靠近海岸的地区：在导航设备出现之前，船只经常会在岩石密布的岸边失事，或在浅水区搁浅。得益于现代精密的航海设备，航行才能更加安全。但在某些海域，海员们仍要小心海盗、飓风和其他潜伏在海面下的危险。

**危险的海域**

在装配电子导航设备之前，航船在大雾或暴风雨的天气下靠岸航行是很危险的。为此，人们建造了灯塔和浮标来引导船只靠岸。

## 海盗的危害

海盗是最令海员们恐惧的海上危险之一。有时，几艘海盗船会联合起来组成海盗舰队，他们都是些无法无天的海上强盗；有时，他们也会上岸洗劫村庄，抢夺金银财宝。

### "泰坦尼克号"沉没

**"泰**坦尼克号"邮轮是一个技术奇迹，人们曾认为它是永远不会沉没的。但在 1912 年 4 月 14 日首航时，"泰坦尼克号"就在北大西洋与一座冰山相撞，船舱被撕开。在不到 3 个小时的时间内，这艘大船完全沉没，1500 多名乘客和船员溺死在冰冷的海水中。

**呼救**

"泰坦尼克号"开始下沉时，船员用无线电发出了 SOS 求救信号。这是航海史上第一次使用这种国际求救信号。

**救生艇数量不够**

当时船上只备有 20 艘救生艇，无法运载全船 2200 名乘客和船员。最终，只有 705 人在这次事故中生还。

**礁石后面暗藏的杀机**

有些人藏在岸边，专门以打劫遇难船只为生。一旦船只与礁石相撞，他们就会冲出来袭击船只。不幸的船员们通常会被杀掉，或在试图逃跑时溺死。

**烽火**

灯塔出现之前，人们利用烽火指示危险的礁石或沙洲。一些专门打劫沉船的海盗会取走烽火，引诱过往船只触礁或搁浅。

**巴肯尼亚海贼**

早期的海盗也被称为"巴肯尼亚海贼"，其中有男有女。一些海盗船会变成私掠船，为政府服务。作为回报，他们被准许攻击那些受雇于敌国的船只。

# 深海探险

　　海洋覆盖了地球表面约 70% 的面积，然而对人类来说，它却是个危险的地方。人类无法像鱼一样从水中吸取氧气，所以溺水是首要问题。另一个问题是压力——在水面 15 米以下，水压开始挤压肺部和身体其他组织，而且随着深度增加，危险也越大。尽管如此，人类并没有在这些挑战面前止步，科学家和探险家们利用最新的科技手段，不断下潜到更深的海底。从潜水服、自携式水下呼吸器（也叫水肺）到海军的潜艇和科研用的深海潜水器，人类已经发明了许多方法来研究和探索深海。

## "宝瓶"水下实验室

　　"宝瓶"是一座专门用于海洋研究的水下实验室。在这里，科学家们有充足的时间进行复杂的实验，因为不用频繁浮出水面，实验进度也快得多。"宝瓶"位于距离美国佛罗里达州大礁岛 4500 多米外的水下，生命保障浮标漂浮在海面上，给实验室提供足够的空气和电能。

**休息区**
"宝瓶"实验室内有 6 名科学家，或称水下观测人员，他们在休息区的叠层床上睡觉。

**厨房和工作区**
厨房里有水池、冰箱、微波炉和热水器，工作区有电脑台。

**通向另一个世界**
工作人员透过两大圆窗户观测窗外的海底世界。这窗口叫做视口。

**支架**
为了"宝瓶"的稳定性，4 根支架里都灌入了 23 吨重的铅。支架的高度可以调节，使实验室保持水平状态。

## 潜水先驱

工程师和发明家们尝试多种方法，制造潜水工具。潜艇是为在浅水区操作而设计的，而潜水器被用来探索更深的海底，它们必须足够坚固才能承受住深海的巨大压力。

**"霍兰号"潜艇**
1900 年，霍兰建造了第一艘现代潜艇（下图）。它装配有发动机、鱼雷发射管和提供动力的蓄电池。

**"海龟号"潜艇**
1775 年美国独立战争时期，布什奈尔为攻击英国军舰而建造了这艘潜艇（上图）。它由木头制成，在第一次使用时即沉没。

**"的里雅斯特号"**
这是第一艘由船员操作的深海潜水器（左图）。1960 年，它带着两名船员下潜到 10900 米的深海。这是历史上最深的下潜纪录。

**"海神 6500"**
这台日本制造的深潜器最深可潜到海下 6500 米。它下潜一次可搭载 3 人，停留 8 小时，为科学家们收集样本和拍摄照片提供了充足的时间。

## 潜入深海

潜水技术自 19 世纪早期以来迅速发展，使人们在水下停留的时间更长，下潜深度也更深。

**1829 年：潜水头盔**
迪恩兄弟发明了一种潜水头盔，它靠一根通往水面的管子提供氧气。

**1865 年：空气瓶**
法国人鲁凯罗尔和德奈鲁里发明了一种系绳的呼吸系统，该系统有一个压缩空气瓶。

**1876 年：压缩氧气**
福鲁斯发明了一身潜水服，它配有内置氧气供给装置。

**1919 年：可控呼吸器**
奥古斯发明了一种无可匹敌的呼吸器，它可使潜水员用鼻子呼吸，并有控制开关。

**1940 年：水肺**
库斯托和加尼安发明了水肺。潜水员呼吸时，氧气从独立的氧气瓶中流出。

**20 世纪 70 年代："吉姆"**
科学家们发明了这种很适合人体的单人潜水器。美国海军现在使用最新型号的"吉姆"，可以下潜至 600 米深的深海。

**潜水员**
"宝瓶"实验室的科学家们潜入水下执行任务，最长可达 10 天时间。在这段时间里，他们始终生活在水下，或在实验室中，或潜水进入海洋。任务结束后，潜水员们必须再经过 17 小时的减压过程才能安全返回水面。

**潜水准备舱**
这里是水下观测人员进入海洋的准备区。任务结束后，观测人员也从这里被接回实验室。

**逃生舱**
如果实验室内部出现问题，工作人员可以暂时躲进这个小结构中，它有独立的氧气供给装备。

**能潜多深**
"宝瓶"位于水下 20 米深的地方，靠近一座珊瑚礁。实验室长 14 米，宽约 3 米。

# 海洋的**恩赐**

　　从海面到海底深渊，海洋中蕴藏着丰富的资源，如海洋食品、石油、天然气以及有开发潜力的药品等。水产业每年都能从海洋中收获数百万吨的鱼类和贝类。沿海地带竖起了越来越多的石油钻井，而海底勘探也发现了大量的天然气。此外，海底的某些地方还蕴藏着珍贵的矿物，如锰、镍、金等。科学家们正在研究恰当的方法，希望在不破坏海底环境的前提下开采这些资源。同时，人们也在寻找利用风能和波浪能的方法，使这些能源用于家庭和工业生产中。

## 起重机

起重机可将平台上的钻探设备吊起，有些平台有几十个钻头。打上来的原油被抽进油轮，再由油轮运到炼油厂。原油在那里被加工成汽油或者其他石油产品。

## 开采海洋中的石油

　　这是一座海上钻井平台，包含开采石油所需的设备和人力。它既像一个联合工厂，又像是一栋建在海上的公寓楼。有些钻井平台漂浮在海面上，有些则搭建在固定于海底的柱子之上，后者的使用寿命至少有 25 年。

## 捕捞船

每年，像这样的商业捕捞船都会从海洋中捕获数百万吨的海产品。一些海洋生物的繁殖速度已赶不上人类的捕捞速度，由此产生的过度捕捞已经成为生态讨论的焦点问题。

## 支柱

钻井平台的支柱通常由钢铁或混凝土建造而成，它们的强度必须能够经受住海浪和洋流的冲击。在一些寒冷地区，冰是支柱的又一威胁。

## 海洋药物和研究

一些海洋生物经常被用于制药和医疗研究。科学家们正试图通过研究其他生物，来更好地了解人体机能。

### 海兔
通过研究它们的神经，科学家们对人类紧张情绪的形成有了更多认识。

### 海螺
生活在太平洋中的一种有毒的鸡心螺产生一种化学物质，科学家们希望通过对它的研究，研制出用于人类的强效止痛药。

### 贻贝胶
贻贝利用自身产生的胶附着在被海浪冲刷得光滑的岩石上。化学家们已经利用它开发出了强力胶商品。

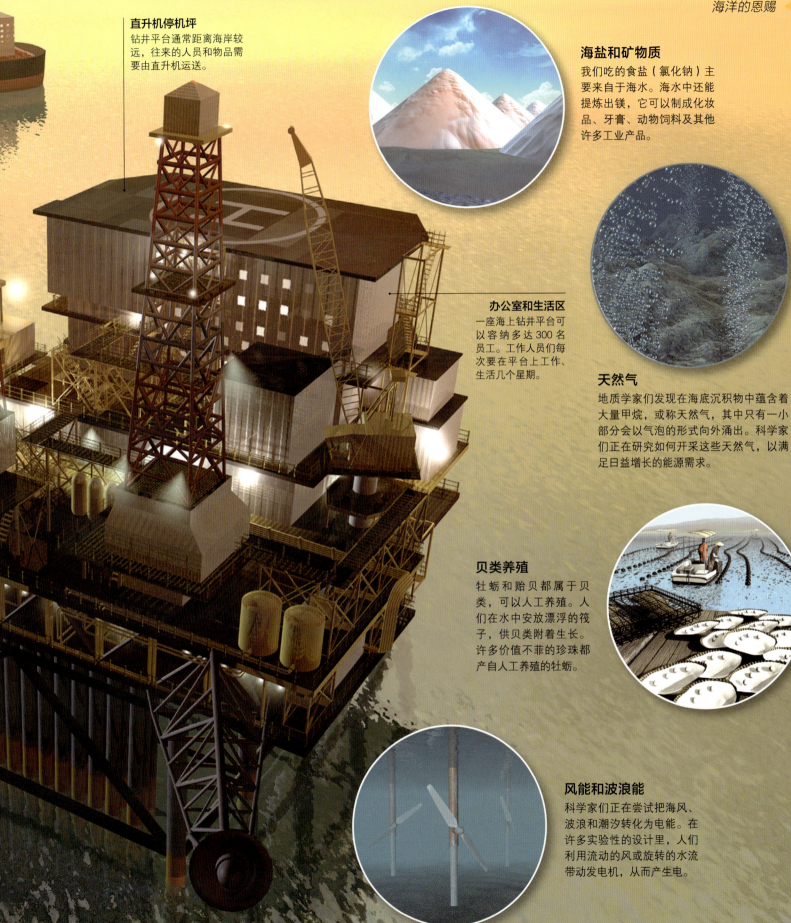

**直升机停机坪**
钻井平台通常距离海岸较远，往来的人员和物品需要由直升机运送。

**海盐和矿物质**
我们吃的食盐（氯化钠）主要来自于海水。海水中还能提炼出镁，它可以制成化妆品、牙膏、动物饲料及其他许多工业产品。

**办公室和生活区**
一座海上钻井平台可以容纳多达 300 名员工。工作人员们每次要在平台上工作、生活几个星期。

**天然气**
地质学家们发现在海底沉积物中蕴含着大量甲烷，或称天然气，其中只有一小部分会以气泡的形式向外涌出。科学家们正在研究如何开采这些天然气，以满足日益增长的能源需求。

**贝类养殖**
牡蛎和贻贝都属于贝类，可以人工养殖。人们在水中安放漂浮的筏子，供贝类附着生长。许多价值不菲的珍珠都产自人工养殖的牡蛎。

**风能和波浪能**
科学家们正在尝试把海风、波浪和潮汐转化为电能。在许多实验性的设计里，人们利用流动的风或旋转的水流带动发电机，从而产生电。

## 特色照片

实地拍摄的特色照片再现了各个栖息地的真实特征。

## 沿岸海域

**地点举例：** 大陆周围

**动物：** 硬骨鱼，如鲱鱼、凤鲚（凤尾鱼）、鲑鱼、沙丁鱼、鲈鱼、石首鱼、比目鱼和鲂鱼；软骨鱼，如鲨鱼、鳐和魟；哺乳动物，如鲸和海豚；无脊椎动物，如水母、鱿鱼、章鱼、乌贼以及浮游动物

**植物：** 浮游植物，如硅藻

**主要威胁：** 过度捕捞和污染

**照片：** 洪都拉斯罗阿坦海滨的海豚

## 信息快览

触手可及的信息快览提供每个栖息地的核心信息。

**深度标尺**

海平面0米

10米

**沙滩**

**地点举例：** 堰洲岛，如墨西哥湾沿岸的海滨；南美洲海滩（主图）

**动物：** 玉螺，螃蟹，蛤，贻贝，沙虾，沙蚤，虎甲，丽蝇，鸟类，海龟

**植物：** 泰莱草，沿岸沙丘上的马鞍藤，次生沙丘上的海燕麦

**主要威胁：** 海岸开发和沙丘移动

**照片：** 英国北康沃尔郡的克兰托克沙滩

沙滩

低潮
标记

# 沙滩探索

沙滩上的生存环境十分恶劣，那里骄阳似火，海水和海风中含有大量盐分，海浪还不断冲击海岸。沙滩表面并没有太多生命迹象，只有一些海鸟、在沙滩打洞的螃蟹以及生长在沙丘附近的植物。相比之下，沙滩下的潜穴里则显得生机勃勃，那里生活着蠕虫、虾、蛤和其他许多动物。此外，还有一些沙蚤潜伏在浮木下，许多微型动物则在沙粒的空隙间安家。

沙滩表面的海水退去，与上涌的海浪激撞出浪花。

**蛤**

蛤藏在沙下的潜洞里。有些蛤生有长长的虹吸管，它们像吸管一样伸出，吸食海浪冲来的食物颗粒。

**潜洞中的蛤**

一些藏在洞中的蛤体型很大。它们可以长到人脚那么长，生活在1米多深的沙下潜洞里。

## 沙滩分区

一块沙滩可以分成不同的区域。潮下带是指海浪深处的地方，通常淹没在水中；潮间带是更靠近海岸的地方，它在落潮时露出水面，涨潮时没入海中；潮间带以上的区域被称为潮上带，沙丘在那里形成。

**片脚类动物**

这些动物是虾和龙虾的亲戚。它们有的在浅滩捕食，有的则生活在岸上，如沙蚤。

海浪向前推进。

近岸带　　碎浪带　　潮下带　　潮间带

沿岸沙丘

次生沙丘

海岸森林

风暴潮
移动线

**涉禽类**
这只铁嘴沙鸻正在沙滩上找寻
蠕虫和其他猎物。一些岸禽也
在沙滩碎浪带捕食蛤类和其他
小动物。

**沙蟹**
苍白色的沙蟹白天生活在潜洞
里，只有在夜间才出来觅食。
它们是食腐动物，以吃动物的
尸体为生。

海水退去。

## 不同类型的海滩

海滩由岩石、
鹅卵石、
泥或者沙子组
成，沙滩则由
类似铅笔尖大小
的粗沙质颗粒构
成。沙粒因来源
不同，而呈现不
同的颜色。

火山灰颗粒形成的黑色沙滩

岩石颗粒形成的灰色沙滩

珊瑚颗粒形成的白色沙滩

**岩石海岸**

**地点举例：** 北美洲西海岸，苏格兰，新英格兰，加拿大临海省份

**动物：** 帽贝，石鳖，杜父鱼，海葵，鳚鱼，裸鳃类动物，寄居蟹，食肉蛾螺

**植物：** 褐藻，红藻，绿藻

**主要威胁：** 污染和原油泄漏，强风暴和海浪，过度捕捞导致的生态失衡

**照片：** 美国缅因州的猫头鹰头灯塔

# 岩石海岸的生命

　　在岩石海岸上，生活着各种各样的海洋生物。岩石与岩石间的裂缝可以提供附着处，这里对各种无脊椎动物来说，如蚌、藤壶、蟹、海螺、海星等，绝对是安居乐业和躲避灾难的好地方。为了在岩石海岸上生存，这些生物必须承受海浪的冲击和退潮后的干燥。它们有的生活在岩石高处的浪溅带，有的生活在潮汐起落的海滩下，像鱼和海胆这些只能在水中生存的动物则生活在潮下带的潜洞里。

## 海崖

海浪缓慢冲蚀着海崖底部的崖石，这种侵蚀作用可以在岩石上形成孔洞。

## 海拱门

随着时间的推移，孔洞逐渐向海角顶部蔓延，形成海拱门。

## 海蚀柱

海浪不断冲刷海拱门的边缘，使它的顶部坍塌并落入水中。这样就形成了岛一样的大块岩石，叫做海蚀柱。

**1 藤壶**
藤壶几乎一生都居住在壳里，它们的壳附着在岩石上，以捕食漂浮的食物颗粒为生。

**2 帽贝**
这种螺类动物依靠宽大且有黏性的足蠕动，来寻找藻类和其他食物。

**3 石鳖**
石鳖是一类海洋软体动物。它们紧紧地粘在岩石上，看起来很像扁平的潮虫。这类动物在地球上已经生存了上百万年。

**4 鳚鱼**
鳚鱼体形很小，它们生活在潮水潭里，藏在岩石的缝隙间。

**5 裸鳃类动物**
这类动物没有壳，四处游动，捕食海绵之类身体柔软的动物。它们身上鲜艳的颜色，可以警告猎食者它们有毒。

**6 贻贝**
乌黑发亮的贻贝长有一种叫做足丝的纤维组织。通过它，贻贝可以附着在岩石上，并用自身分泌的强力胶来固定足丝。

**7 杜父鱼**
色彩鲜艳的杜父鱼在海藻间游弋，它们是仅有的几种生活在地球最北端岩石海岸的鱼类之一，甚至在结冰的极地区域也能生存。

**8 海葵**
尽管看上去像花，它们其实是动物。海葵用带刺的触手捕食。受惊吓时，它们还会收缩身体，触手也会向内收起。

**9 海星**
海星通常生活在岩石海岸、海蚀洞以及潮水潭中。它们的体表长有细长的棘刺，靠自己的"胳膊"移动身体，并捕食像贻贝、海螺之类的猎物。

**10 紫海胆**
它们借助长长的触手"行走"，并利用触手躲避猎食者的攻击。通常它们会用牙齿夹住海藻来进食。

**11 寄居蟹**
这种海蟹寄居在海螺遗弃的壳里。

**12 蟹**
它们在海底急速行走，并用锋利的钳子钳取落在海底的食物残渣。

## 适应阳光和海浪

人们把岩石海岸划分成几个水平方向上的区域，有些区域因长时间暴露在阳光下而变得异常干燥。为了在海浪作用和炽热的阳光下生存，除鱼以外的大部分岩石海岸的生物都发生了适应性进化。

**移动的家**

随着不断长大，寄居蟹不得不寻找并搬进更大的壳里。

**河口湾**

**地点举例：** 美国的切萨皮克湾，澳大利亚的特里尼蒂湾

**动物：** 未成年和迁徙中的鱼类，也包括鲨鱼；海龟；无脊椎动物；鸟类，如苍鹭和白鹭

**植物：** 大叶藻和石莼，温带河口的互花米草，热带河口的红树林

**主要威胁：** 海滨开发，污染，过度捕捞，飓风，冰冻灾害，由水产业，如鲑鱼养殖场带来的疾病

**照片：** 澳大利亚惠森迪岛的热带河口湾

# 河口湾

　　河口湾是指海水与河流中的淡水相交汇的海湾。海水含盐量高，所以这片水域的盐度与海水相差无几，河口湾上游的水则盐度较低。在河口湾附近，没有什么生物可以长时间停留。每天，海水和淡水的混合水随潮涨潮落而变化；暴雨和干燥天气也会随时改变它的盐度平衡。当夏季来临，河水的温度上升，冬季则又骤然下降。尽管如此多变，河口湾仍吸引了各种神奇的动物在此居住。

## 河流与海洋的交汇处

　　大部分鱼类和鸟类随季节迁徙，有规律地进出河口湾。这里的长久居民几乎全部是无脊椎动物，如蟹、蚌、蠕虫等，以及各种生长在岸边和浅水区的植物。

**鸟类的生活**
河口湾地区生活着燕鸥、海鸥、苍鹭、野鸭和许多其他鸟类，它们以水中和岸边沼泽中的动植物为食。

## 不同类型的河口湾

**地** 质作用造就了多种多样的河口湾，它们历经上千年的变化，发展成了今天的模样。

**海滨潟湖**
当海滨有沙洲或岛屿形成时，会阻碍河水流入海洋，这便形成了潟湖。

**被淹没的河谷**
有些河口湾由于水位上涨而形成。如冰雪融化时，河水淹没入海口，形成河口湾。

**峡湾**
在高纬度地区，河谷受到冰川融水侵蚀，变得崎岖陡峭，形成峡湾。

**构造河口湾**
板块运动使地面塌陷，海水侵入塌陷的陆地，形成河口湾。

**泥中的住户**
河流携带着泥沙，在河口湾底部沉积成泥质浅滩。这里为穴居动物，如蠕虫、蚌、蟹、螺等，提供了安定的住处。

**尖吻鲈的生命循环**
尖吻鲈一生中大部分时间生活在澳大利亚内陆的河流中。每年，成年尖吻鲈都要迁徙到河口湾产卵，孕育出新的生命。

每年夏季过后，雨水注满河流，成年尖吻鲈便开始向河口湾进发。

**河流**

**海洋**

雌尖吻鲈在河口湾产下上千万颗卵后，再由雄尖吻鲈为卵受精。但是大部分的卵都被其他鱼类吃掉了，只有很小一部分可以孵化出来。

几天后，刚孵化出来的小鱼就可以游进溪流或沼泽里了。

**食草动物**

儒艮是一种水生哺乳动物，它们生活在热带和亚热带的河口湾，以吃水下的海草为生。

**河口湾**

幼鱼生长得十分迅速。当长至 30 厘米左右时，它们又会重返河流。

**食肉动物在攻击**

鳄鱼和白真鲨（别名：公牛鲨）潜伏在热带河口湾温暖的水域里；一些水温变化更大的地方，可能还会迎来鲸或其他鲨鱼的拜访——它们都是来此捕食的。

海平面0米

10米

150米

**沿岸海域**

| | |
|---|---|
| 地点举例： | 大陆周围 |
| 动物： | 硬骨鱼，如鲱鱼、凤鲚（凤尾鱼）、鲑鱼、沙丁鱼、鲈鱼、石首鱼、比目鱼和鲯鳅；软骨鱼，如鲨鱼、鳐和虹；哺乳动物，如鲸和海豚；无脊椎动物，如水母、鱿鱼、章鱼、乌贼以及浮游动物 |
| 植物： | 浮游植物，如硅藻 |
| 主要威胁： | 过度捕捞和污染 |
| 照片： | 洪都拉斯罗阿坦海滨的海豚 |

# 富饶的
# 沿岸海域

与公海相比，沿岸海域的水深较浅，但这儿却是众多海洋生物的家。在光照充足的海面附近漂浮着大量的浮游生物，它们是虾和小型鱼类的美食；而更大的猎食动物，如座头鲸、鲭鱼、金枪鱼等，又以这些鱼虾为食。鲨鱼是最凶猛的猎食者，也是海洋中的终极杀手。此外，沿岸王国里还生活着多种多样的水母、鱿鱼以及在海底活动的蟹、虾等甲壳类动物。因为海洋生物物种丰富，所以沿海地区的商业捕捞业十分发达。全世界消费的海产鱼类中，有90%都来自这一地区。

**蝠鲼**
蝠鲼长有巨大的三角形鳍。进食时，它们用嘴巴前部的头鳍把含有浮游生物的海水拢到嘴边，然后大口吞掉。

**鱿鱼**
它们根据周围环境改变身体和花纹的颜色，以此躲避猎食者的攻击。

## 鲨鱼如何捕食

大部分鲨鱼都长有像剃刀一样的锋利牙齿，但是不同种类的鲨鱼捕猎方法不尽相同。

**须鲨**
须鲨身体扁平，表皮的斑点可以很好地隐藏自己。它们静卧在海底，等待鱼、蟹和龙虾这样的猎物上钩。

**长尾鲨**
它们用自己长而卷曲的尾巴抽打鱼群，然后乘机捕食被打散的鱼。

**大白鲨**
大白鲨以海洋哺乳动物为食，如海豚、海豹等。它们行动诡秘，常尾随猎物，然后给予致命的一击。

**水母**
水母的触须能够发射像鱼叉一样的丝来打击猎物，还可以向猎物的体内注射毒素，使其瘫痪。

**座头鲸**
座头鲸没有牙齿，却长有坚韧的鲸须。鲸须像梳子一样，过滤出海水中的浮游生物和小鱼。

**鱼群**
鱼群为鲨鱼和其他以鱼为食的动物提供了充足的食物。

## 鲨鱼统治者

　　大部分鲨鱼生活在沿海一带，捕食体形比它们小的动物。少数几种危险的鲨鱼，如大白鲨、居氏鼬鲨、白真鲨等，也捕食比它们大的动物，还有可能攻击人类。

**大西洋锥齿鲨（别名：沙虎鲨）**
这种鲨鱼的尖牙向口内弯曲，猎物一旦被它咬住便很难逃脱。

**乌贼**
乌贼是章鱼和鱿鱼的亲戚，它们通过身体里的细管喷出水流，来推动身体前行。

**海星**
海星的嘴长在身体下方，所以当进食时，它必须爬到猎物（比如蛤）的身上。

**蟹**
蟹用身体前方的大钳子抓取食物进食。它们吃海草碎片、碎鱼肉——死鱼和活鱼的肉它们都吃。

海平面0米

50米

### 珊瑚礁

**地点举例：** 澳大利亚的大堡礁；塔希提的莫雷阿岛；伯利兹的伯利兹堡礁；马尔代夫的马累环礁

**动物：** 鱼类，如石斑鱼、刺尾鱼、海葵鱼、海鳗；无脊椎动物，如碎碟和海扇；鸟类，如黑顶圆尾鹱

**植物：** 珊瑚藻，岸上的棕榈树

**主要威胁：** 被污染的径流汇入海洋，遮挡住阳光；珊瑚开采；氰化物和爆炸捕食；污染

**照片：** 法属波利尼西亚的博拉博拉岛裙礁

# 五彩缤纷的
# 珊瑚礁

　　珊瑚是海洋中最不寻常的生命形态之一。全世界大概有上万种不同种类的珊瑚。珊瑚上柔软的、呈杯子状的部分被称为珊瑚虫，它只有一粒米大小。珊瑚虫能制造坚硬的石灰质外骨骼，它们历经千年、繁衍生息，坚硬的尸体逐渐形成了我们今天看到的珊瑚礁。此外，珊瑚虫的身体里还生活着一种共生藻，它们通过光合作用为珊瑚虫提供食物。如果失去了共生藻，珊瑚虫就会褪色变白，变得虚弱，甚至迅速死亡，这会对珊瑚礁造成巨大的危害。目前，科学家们正在研究其白化的原因。

**1 蓑鲉（别名：狮子鱼）**
身上长有条纹和斑点，以及带褶边的鳍，这些都能帮助它们伪装自己。

**2 桶状海绵**
这种海绵呈粉红色，外部十分坚硬。

**3 蝴蝶鱼**
蝴蝶鱼用它尖尖的嘴从珊瑚的缝隙中啄食。

**4 褶叶珊瑚（别名：脑珊瑚）**
数以千万计的珊瑚虫像波浪一样排列，形成了珊瑚上弯曲的隆起。

**5 刺鲀**
这种河鲀全身都是刺，身体可以充气膨胀，以此抵御猎食者的攻击。

**6 刺尾鱼**
刺尾鱼以吃海藻为生，它们用尾部的尖刺保护自己。

**7 刺魟**
刺魟捕食鱼、蟹、蠕虫等，它们的尾刺上长有毒囊。

**8 鹿角珊瑚**
鹿角珊瑚虫的外骨骼融合在一起，形成宽大的珊瑚。

**9 海鳗**
海鳗的外形很像蛇，它们生活在珊瑚丛中，长有强有力的颌。

**10 柱孔珊瑚**
这种珊瑚很柔软，存在于珊瑚礁的底部，它们不能制造石灰质骨骼。

**11 梭鱼**
梭鱼长有剃刀般锋利的牙齿，以珊瑚丛中的小鱼为食。

**12 裂唇鱼**
裂唇鱼在大鱼身边游来游去，以捕食它们身上的寄生虫为生。

**13 海葵鱼（别名：小丑鱼）**
海葵鱼可以安全地生活在海葵丛中，不用担心被海葵带刺的触手刺到。

**14 管状海绵**
就像其他海绵一样，管状海绵的身上也长满了狭小的管道。海水从这里流入，被管状结构过滤出其中的食物后，再从顶端的开口处流出。

**15 刺蝶鱼（别名：神仙鱼）**
这种鱼生活在珊瑚礁中，它们是海洋中颜色最丰富的居民之一。

## 地球上最大的居所

大部分的珊瑚礁都形成于温暖的浅水区，它们是各种珊瑚虫、海绵、鱼类、甲壳类动物以及其他生物的家。珊瑚礁可以长得很大，如澳大利亚的大堡礁，长约2000千米，最宽可达150千米，是地球上由生物建造的最大结构。

### 珊瑚环礁是怎样形成的

**许**多珊瑚礁都生长在环火山岛地区。经年累月，随着火山岛沉入海底，珊瑚礁的外形也发生了改变。

最初形成时，火山岛高于水面，周围并没有珊瑚礁。

**火山岛**

珊瑚在岛周围的浅水区形成裙礁，礁与岛相连。

**裙礁**

随着火山岛不断侵蚀下沉，外部的珊瑚礁长得更高、更快，并在岛周围形成潟湖。这种礁被称为堡礁。

**堡礁**

被侵蚀的火山岛最终沉入水下，只剩下一圈断裂的珊瑚礁环和沙滩，这便形成了环礁。环礁上还有可能长出棕榈树和其他植物。

**环礁**

海平面0米

25米

50米

## 巨藻丛林

**地点举例：** 智利，挪威，新西兰，美国加利福尼亚

**动物：** 鱼类，如六线鱼、平鲉、加州隆头鱼、斑鳍光鳃鱼等；龙虾；螃蟹；海绵；鲍鱼；裸鳃类动物；海鞘；海豹；逆戟鲸

**植物：** 巨藻，海带属植物，翅藻科植物

**主要威胁：** 污染，海水温度上升，过度采集藻类，过度捕猎以藻类为食物的天敌，如海獭

**照片：** 美国加利福尼亚州水下的巨藻丛林

# 巨藻丛林
## 中捉迷藏

被称为巨藻的大型褐藻，生长在多岩石的海滨浅水区，形成茂密的水下森林。这里的水面平静，海浪穿过它们冲向海岸，高高的巨藻茎秆随海浪轻柔摇摆。巨藻丛林为海洋生物提供了丰富的食物。一些动物在这里啃食巨藻和其他藻类，其他的则啄食巨藻间的浮游生物。成群的鱼穿梭其间，海獭或漂浮在水面，或潜入水底捕食海胆。然而，这些动物也都要时刻提防逆戟鲸的袭击，它是海洋世界中最强大的食肉动物之一。

### 争夺阳光

巨藻必须依靠光照生存，所以它们拼命向水面生长。有些巨藻一天就可长50厘米，并最终长到35米甚至更高，比一座13层的楼房还要高。

**漂浮在水面上**
巨藻的叶片上有很多充满气体的囊，它们就像救生圈一样，使叶片漂浮在阳光充足的海面。

### 巨藻可以制成什么

生活中的许多日用品都以巨藻为原材料。如含在大部分冰激凌、布丁、牙膏和肥皂中的琼脂，就是一种从巨藻中提炼出来的增稠剂。

**收获巨藻**
爱尔兰的工人正在收集巨藻。

冰激凌

果冻

牙膏

色拉调味酱

饮品

肥皂

**寿司皮**
日本厨师用一类名为昆布的巨藻制作寿司。

**紧抓不放**
大型巨藻用它们像根一样的"夹子"将自己固定在海底的岩石上。

1 **巨藻**
巨藻虽然强壮稳固，但是一场大风暴就可能把它们连根拔起，甚至摧毁整片海藻丛林。

2 **海兔**
海兔是一种以海藻为食的大型腹足纲动物，有些重达 10 多千克。

3 **逆戟鲸**
逆戟鲸又称杀人鲸，它们捕食生活在海藻间的海獭和鱼。

4 **海獭**
一种小型的水生哺乳动物，长着浓密而柔软的皮毛，但因过度捕猎而濒临灭绝。

5 **银鲛**
这种梭鱼总是成群结队地游来游去。

6 **副鲈**
副鲈是海中的"通勤者"，它们在海藻丛间穿梭往来，寻找食物。

7 **高欢雀鲷**
高欢雀鲷是一种橙色的鲜艳小鱼。它们精心照顾着自己的海藻花园，为后代搭建住所。

8 **带纹吉氏胎鳚**
带纹吉氏胎鳚生活在海底，在岩石和海藻茎秆间游弋。

9 **岩石海底**
大型巨藻只生活在水下有岩石的水域，以便紧紧地附着在岩石上。

10 **蛇鳕**
蛇鳕是一种六线鱼，性情凶猛，经常伏击进入海藻丛中的小鱼。

11 **紫海胆**
紫海胆以啃食巨藻为生，同时它们又是海獭的美味佳肴。

# 极地冰雪世界中的生命

极地海洋位于冰雪覆盖的地球两端。北极是北冰洋的中心，这里的深海是世界上最冷的海域。只有少数鱼类和其他生物在这里生存，比如体形巨大的睡鲨。睡鲨体长可达6米，科学家们曾在一条睡鲨的胃里发现了一只驯鹿。南极洲附近的海域中生活着更多的物种，包括企鹅、海豹、鲸、大王酸浆鱿、拇指大小的磷虾、体内含有"防冻剂"的鱼类，生命力顽强的玻璃海绵等。

### 极地海洋
地点举例：北极和南极地区

动物：北极地区——北极熊、海象、海豹、鲸、鳕鱼、圆鳍鱼、长触手的水母、海蛇尾和刚毛虫；南极地区——海豹、企鹅、鱿鱼、鲸、章鱼、桡足类、深水海参和软珊瑚、

植物：南北两极的硅藻和浮游植物，以及北极的绳藻

主要威胁：正在消失的栖息地，全球环境变化，污染

照片：冰雪覆盖的北冰洋

### 南极硅藻
硅藻体形很小，形态各异，是磷虾最喜欢的食物之一。

### 南极的鸟类
南极的鸟类，如海燕、暴雪鹱等，以鱿鱼和磷虾为门偷食。其中，贼鸥专门吃企鹅的蛋。

### 海豹
南大洋中生活着许多种类的海豹。它们大部分以鱼类为食，而斑海豹也捕食企鹅、鱿鱼和其他海豹。

### 企鹅
企鹅是南半球特有的、不能飞行的鸟类。同鲸和海豹一样，企鹅也有厚厚的皮下脂肪层，可以保暖御寒。

### 帝企鹅
帝企鹅是世界上最大的企鹅，它们虽然行走蹒跚，游泳技术却是一流，并能像鱼一样潜入水中捕食。

## 破冰前行

破冰船是一种专门设计制造、用来突破极地坚冰的船。破冰船的船首非常沉重，但来突破冰前行的，有时它也会滑上冰面，靠船首的重量压碎冰层。

**天线**
天线可以接收无线电和卫星信号。

**舰桥**
船的导航和操作系统都位于舰桥中。

**船首**
船首加装钢铁使其强化，以便能够承受厚冰层的阻力。

**船体**
目破冰船船体宽大，目的设计保证它在恶劣的天气下也能平稳航行，并能滑上冰面。

**海蜘蛛**
海蜘蛛在海底爬行，它们看上去很像蜘蛛，其实是蟹的亲戚。

**逆戟鲸**
逆戟鲸又称杀人鲸，捕食海豹、鲨鱼和其他鲸。

## 南大洋

南大洋是指南极洲及其附近的海洋，这片海域深处的洋流不断上涌。这些有规律地更新着海洋表层的海水。这些上升流为硅藻和小型动物提供了营养物质，体形更大的海洋动物又以捕食这些小型海洋动物为生。

**大王酸浆鱿**
大王酸浆鱿最大可以长到20多米，比抹香鲸还要长。它是南极海域中最不同寻常的生物之一。

**蓝鲸**
蓝鲸没有牙齿，它们用嘴里像毛刷一样的鲸须过滤出海水中的磷虾。

**冰山**
冰山的形状有的扁平，有的则像一座小山。如果冰山的高度大于其宽度的话，那么这种冰山通常有超过90%的体积淹没在水下。

**威德尔海豹**
这种海豹是潜水能手。它们可以一次在水下停留15分钟，甚至能潜到水下400米或更深的地方。

**冰鱼**
冰鱼的血液中没有红细胞，所以它们的血是透明的。同许多极地动物一样，冰鱼的血液中也有一种防冻剂，其作用就如同汽车防冻剂能防止水箱里的冰结冰一样。

**栉水母**
栉水母虽然名字叫水母，身体也是透明的，但它们其实不是水母。它们属于一个特别的动物家族，叫做栉水母动物门。

**刺参**
刺参有时会在海底成群结队地活动。

海平面0米

1.5米

200米

## 光照带

**地点举例：** 海洋中阳光可以照射到的表层海域

**动物：** 大青鲨，尖吻鲭鲨，飞鱼，翻车鲀，蓝鳍
金枪鱼，蝠鲼，鱇鮟，蓝鲸，狮鬃水母，帆水母

**植物：** 浮游植物

**主要威胁：** 过度捕捞，污染，原油泄漏

**照片：** 所罗门群岛附近的六带鲹鱼群

**浮游植物**
一杯光照带的海水
中大概含有数百万
个浮游植物。

# 生机勃勃的
# 光照带

　　海洋中，占海水总量2%的表层海域中生活着数以
万计的生物，超过了其余海域中生物数量的总和。该层
生命如此活跃的秘密就在于阳光。这里大量生活着被称
为浮游植物的微小生物，它们能利用阳光自己制造养分，
这些太阳能食物工厂是整个海洋食物网的基础。漂浮在
水中的小动物，如浮游动物，先吃掉浮游植物，然后又
变成各种饥饿的猎食者——从拇指大小的虾到巨大的鲸，
口中的美食。鲨鱼和其他大型鱼类也在此觅食，而且食
物绝不会被浪费。它们的"剩菜剩饭"沉到漆黑的海底，
喂饱了生活在那里的动物。

**浮游动物**
浮游动物身体很小，随波逐流。
大部分浮游动物都需要通过显微
镜才能被观察到。

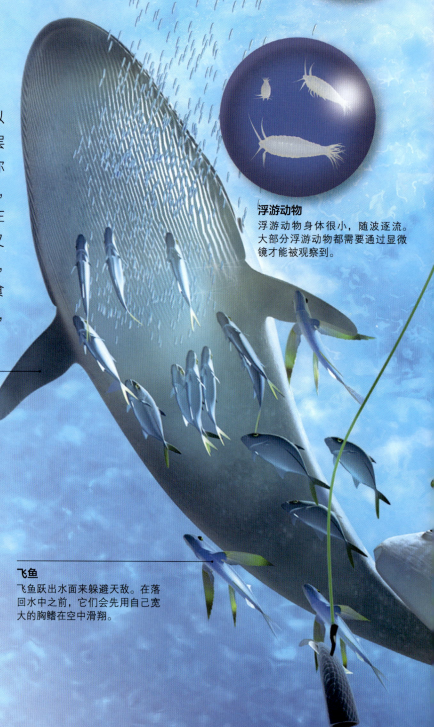

**蓝鲸**
蓝鲸用像毛刷一样的鲸须
从海水中过滤浮游生物。

**阳光普照**
大部分海洋生物都需要阳光才能
生存。阳光中包含许多波长各异
的光，如红光、黄光、绿光、蓝
光等。绿光和蓝光穿透力更强，
能照射到海水深处，而且散射力
也比红光和黄光强。这就是为什
么海水总是呈现绿色或蓝色的原
因。只有蓝光能够到达200米以
下及更深的光照带底层，1000米
以下的海域则一片漆黑。

**飞鱼**
飞鱼跃出水面来躲避天敌。在落
回水中之前，它们会先用自己宽
大的胸鳍在空中滑翔。

## 食物网的基础

整个海洋食物网都要以海洋中最小的成员为基础，即浮游植物。大部分浮游植物都是单细胞的，但是如果没有它们，海洋食物网就会崩溃。例如，在厄尔尼诺现象发生时，浮游植物数量锐减，大部分海洋生物被迫迁徙，有的则会饿死。

**人类**
人类捕食海洋生物，所以也属于海洋食物网的一部分。少数大型鲨鱼是为数不多的能够捕食人类的动物。

**大青鲨**
大青鲨是远航家，它们比其他所有鲨鱼游的航程都要远。

**鲯鳅**
鲯鳅的英文名字"Mahi mahi"在夏威夷当地语言中的意思是"强壮的"，它们是人类常吃的鱼种之一。

**长鳍真鲨**
长鳍真鲨也叫远洋白鳍鲨，这种大型的热带鲨鱼通常以鱼为食，但也会攻击因船只失事而落水的人类。

**翻车鲀**
翻车鲀最重可达1500千克，同一头黑犀牛一样重。它们的身体扁平，懒洋洋地浮在海面上，以较大的浮游生物为食。

**蓝鳍金枪鱼**
蓝鳍金枪鱼会成群结队地追逐成群的鱿鱼和小鱼。

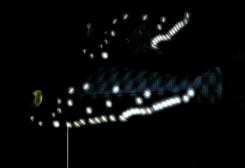

### 深海

| | |
|---|---|
| **地点举例：** | 200～10000米之间的海域 |
| **动物：** | 弱光区——灯眼鱼，大王酸浆鱿，蝰鱼，皇带鱼，对虾，巨口鱼，巴西达摩鲨；深海无光区——吞噬鳗，鮟鱇，平头鱼，海鼠尾鱼，深海海星 |
| **植物：** | 无 |
| **主要威胁：** | 污染，全球环境变化 |
| **照片：** | 深海中一条正在追逐巨银斧鱼的蝰鱼 |

# 深海生物

　　海面 200 米以下的海域是一个奇异的深海世界。生活在这里的鱼体形较小，却都是凶猛的猎食者，它们长有巨大的眼睛和嘴，嘴里长满了尖牙。在这漆黑的深水世界里，很多鱼、虾和乌贼都是发光生物体——它们身体上长有发光器官，在水中举行自己的灯光秀。再往深处下潜，10000 米以下的深海一片漆黑，而且水压很高。这里居住着海洋中最奇怪的动物，它们的身体柔软而黏滑，巨大的嘴里长着弯曲的尖牙。这里的许多鱼都没有视觉，它们中的一些使用发光器官引诱猎物，其他的则依靠敏锐的嗅觉和触觉捕食。

**灯笼鱼**
灯笼鱼的大眼睛让它们能够在昏暗的中层水域看清物体。不同种类的灯笼鱼，身体侧面发光器官的排列也不一样。

**鼠尾鱼**
因尾部长且末端尖细而得名。

**蓝鳕鱼**
蓝鳕鱼听觉灵敏，但是人们还不清楚深海中它们究竟在听什么。

## 深海：不仅是鱼类的家园

　　深海中并非只有鱼类，还生活着许多无脊椎动物，如水母、海星和片脚类动物。它们之中有的长着发光器官，有的颜色鲜艳，有的则似玻璃状全身透明。

**深海片脚类动物**
大部分片脚类动物都还没有手指甲大。

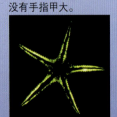

**软珊瑚**
一些软珊瑚生活在3000 米以下的深海。

**海星**
这只深海海星长有发光器官，发绿光的触手依稀可见。

**冠水母**
冠水母是水母的亲戚，能够发出蓝色的光。它们以小甲壳类动物和深海中漂浮的有机颗粒为食。

**发光的陷阱**
捕食中的鱼被鮟鱇的发光器官引诱过来，反而成为鮟鱇的美味。

**深海鮟鱇**
这是一张雌鮟鱇的图片。雄鮟鱇只有一个弹球那么大。

吞噬鳗

灯笼鱼

鮟鱇

蛛鱼

鼠尾鱼

叉齿鱼

蓝鳕鱼

**深海鱼类的多样性**
有些深海鱼只有拇指般大小，有些则有长蛇一样的身体。吞噬鳗和叉齿鱼的体长都有60多厘米，它们长有巨大的颌，张开嘴巴捕食比自己大的猎物。

**附着的雄鮟鱇**
体形较小的雄鮟鱇附着在雌鮟鱇的身上生活。

## 亲密接触深海鱼

身体越大，需要的食物也会相应增加，所以在食物稀缺的深海中，大部分鱼都体形较小，如深海鮟鱇（上图）的身长只有13厘米。虽然这里食物稀缺，水压巨大，但是还有一些鱼常年生活在这8370多米的深海中——这个深度约是美国大峡谷的5倍。

**蛛鱼**
蛛鱼大概有一只热狗那么长。它们依靠长尾和胸鳍栖息在海底。

海平面 0 米

### 洋底世界

| | |
|---|---|
| 地点举例: | 沿大陆架边缘向下,直至漆黑洋盆之间的洋底 |
| 动物: | 热液喷口及烟雾附近——巨型管蠕虫、白蛤、蟹、虾、蜘蛛蟹和绵鳚;远离热液喷口处——群居的海蛇尾、海羽星、穴居海胆、海笔和玻璃海绵 |
| 植物: | 无 |
| 主要威胁: | 污染,比如向海洋倾倒的垃圾 |
| 照片: | 热液喷口附近的一只小螃蟹 |

**岩石烟囱**
水中的矿物质析出凝聚而成的石质烟囱,高度可达 19 米甚至更高。

**绵鳚**
它们的身体细长,样子类似鳗鱼,以喷口附近的生物为食,如蟹和片脚类动物。

# 海洋底部的
# 热液喷口

在地壳板块形成的海底深处常有一些裂缝,滚烫的泉水不断从中涌出。这些泉水来自被称做"热液喷口"的海底喷泉,并含有大量的矿物质。经年累月,矿物质在喷口处沉淀,形成许多高耸的海底烟囱,它们不断喷出灰色或黑色的水柱。一些奇特的生物生活在喷口附近,如长有触手的巨型管蠕虫,它们的触手上长有血红色的羽状物,还有体形巨大的蛤和贻贝、毛茸茸的白色蟹以及长腿的海蜘蛛。自从第一个热液喷口被发现以来,科学家们又陆续发现了许多这样的喷口。

### 深海探险

1977 年,科学家们乘坐"阿尔文号"深潜器下潜时,意外地发现了南美洲赤道附近的热液喷口。它位于 2500 米深处的洋底。"阿尔文号"的机械手在喷口附近带回一些管蠕虫和其他生物样品用于研究。

**巨型管蠕虫**
管蠕虫可以长到 2.4 米高。这些巨大的蠕虫不吃东西,它们靠体内的细菌将喷口附近海水中的物质转化成自身需要的食物。

**超级深潜**
"阿尔文号"深潜器可以搭载两名科学家和一名驾驶员。它可以下潜到 4500 米的深海。

**巨蚌**
同管蠕虫一样,喷口附近的巨蚌也不需要自己进食,它们靠体内的细菌"喂养"。

**海蛇尾**
海蛇尾用有关节的长触手抓握物体。

200 米

11022 米

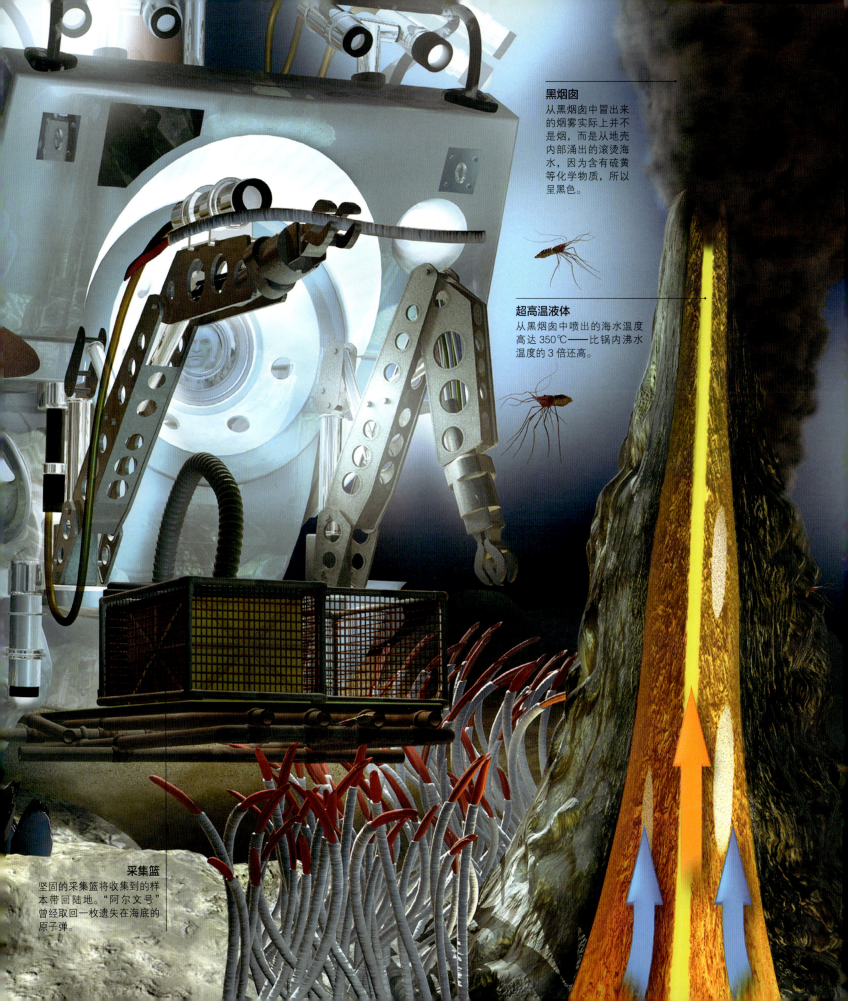

**黑烟囱**
从黑烟囱中冒出来的烟雾实际上并不是烟，而是从地壳内部涌出的滚烫海水，因为含有硫黄等化学物质，所以呈黑色。

**超高温液体**
从黑烟囱中喷出的海水温度高达350℃——比锅内沸水温度的3倍还高。

**采集篮**
坚固的采集篮将收集到的样本带回陆地。"阿尔文号"曾经取回一枚遗失在海底的原子弹。

# 神奇的海洋

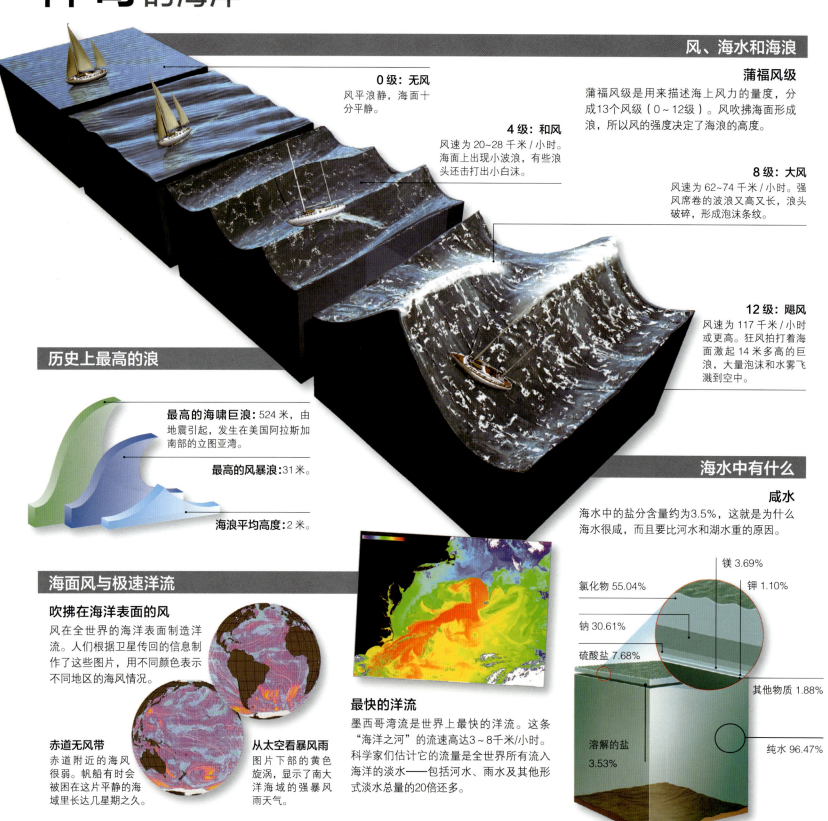

**0 级: 无风**
风平浪静, 海面十分平静。

**4 级: 和风**
风速为 20~28 千米 / 小时。海面上出现小波浪, 有些浪头还击打出小白沫。

## 风、海水和海浪

### 蒲福风级
蒲福风级是用来描述海上风力的量度, 分成13个风级 (0~12级)。风吹拂海面形成浪, 所以风的强度决定了海浪的高度。

### 8 级: 大风
风速为 62~74 千米 / 小时。强风席卷的波浪又高又长, 浪头破碎, 形成泡沫条纹。

### 12 级: 飓风
风速为 117 千米 / 小时或更高。狂风拍打着海面激起 14 米多高的巨浪, 大量泡沫和水雾飞溅到空中。

## 历史上最高的浪

**最高的海啸巨浪:** 524 米, 由地震引起, 发生在美国阿拉斯加南部的立图亚湾。

**最高的风暴浪:** 31 米。

**海浪平均高度:** 2 米。

## 海面风与极速洋流

### 吹拂在海洋表面的风
风在全世界的海洋表面制造洋流。人们根据卫星传回的信息制作了这些图片, 用不同颜色表示不同地区的海风情况。

### 赤道无风带
赤道附近的海风很弱。帆船有时会被困在这片平静的海域里长达几星期之久。

### 从太空看暴风雨
图片下部的黄色旋涡, 显示了南大洋海域的强暴风雨天气。

### 最快的洋流
墨西哥湾流是世界上最快的洋流。这条 "海洋之河" 的流速高达3~8千米/小时。科学家们估计它的流量是全世界所有流入海洋的淡水——包括河水、雨水及其他形式淡水总量的20倍还多。

## 海水中有什么

### 咸水
海水中的盐分含量约为3.5%, 这就是为什么海水很咸, 而且要比河水和湖水重的原因。

镁 3.69%
氯化物 55.04%
钾 1.10%
钠 30.61%
硫酸盐 7.68%
其他物质 1.88%
溶解的盐 3.53%
纯水 96.47%

## 生物及其栖息地

### 陆地和海洋生物

人类已知的陆地生物要比海洋生物多得多，但这仅仅是因为陆地上的生物更容易寻找和研究。科学家们估计全世界至少生活着20万种海洋生物，其中绝大部分（98%）都生活在海底。

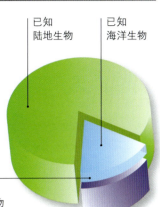

已知陆地生物

已知海洋生物

水面生物

生活在海底的生物

## 小，但非常重要

### 浮游动物：最小的异养海洋生物

大部分的浮游动物只有通过显微镜才能显现。海洋中漂浮着无数种这样的小生命，它们是其他海洋动物重要的食物来源。

## 海神

古希腊人相信大海是由一位名叫波塞冬的天神掌管的，他在古罗马又被称做尼普顿。传说中的海神脾气暴躁，长着满脸胡须，拥有制造暴风雨、地震和洪水的神力。

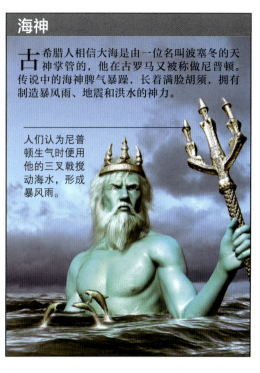

人们认为尼普顿生气时便用他的三叉戟搅动海水，形成暴风雨。

## 最快的海洋生物

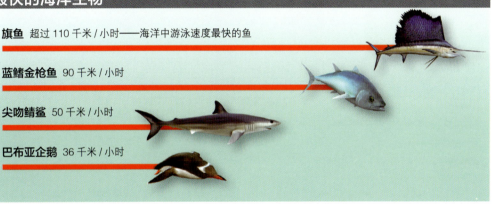

**旗鱼** 超过110千米/小时——海洋中游泳速度最快的鱼

**蓝鳍金枪鱼** 90千米/小时

**尖吻鲭鲨** 50千米/小时

**巴布亚企鹅** 36千米/小时

## 最大的海洋生物

北极鬃狮水母

### 最大的无脊椎动物

鬃狮水母的体长超过2.1米，触手更长达36米多，比5头大象连起来还要长。

鲸鲨

### 最大的鱼类

鲸鲨是现在世界上最大的鱼类。它们最长可长到12米——有一头半大象那么长。体重更可达13.5吨。

### 蓝鲸：最大的海洋生物

蓝鲸是哺乳动物，也是最大的海洋动物。它的体长可达33.5米，重达190多吨——相当于30头大象的总重量。它们是地球上有史以来最大的动物，甚至比恐龙还要大。

## 最致命的海洋生物

### 最致命的海洋生物

箱水母是地球上最危险的动物之一。一只箱水母的毒液足以杀死60名成年人。

### 箱水母生活在哪里

这种最致命的动物主要分布在东南亚和澳大利亚北部的沿岸海域。

**堡礁（barrier reef）**
指由潟湖从海岸分隔出来的珊瑚礁。

**波列（wave train）**
朝同一方向运动的一连串海浪。

**潮间带（intertidal zone）**
海岸上，经常被潮水冲刷的区域。潮水会在岩石众多的潮间带形成潮水潭。

**潮汐（tide）**
地表海水因受太阳和月球的引力作用而有规律起落的现象。

**潮下带（subtidal zone）**
始终淹没在水下的近海地区。

**沉积物（sediments）**
指沉积在海底的淤泥和沙石。

**大陆架（continental shelf）**
指大陆边缘坡度很缓、逐渐没入海中的部分。

**大陆隆（continental rise）**
这一区域位于大陆坡最远的边缘，是洋盆的起始处。

**大陆坡（continental slope）**
大陆架末端陡峭的斜坡。

**大洋中脊（mid-ocean ridge）**
指连绵的水下山脉，由两块地壳板块相撞形成。岩浆从脊处涌出，形成新的海床。

**地壳板块（crustal plates）**
地球坚硬的表面分裂成的几部分。地壳形成于海底的大洋中脊并缓慢向外移动。它们的末端陷入海沟里。

**地转偏向力（Coriolis effect）**
也叫做科里奥利效应，指由地球自转引起的洋流流向偏移。这种效应使北半球洋流顺时针偏移，南半球洋流逆时针偏移。

**厄尔尼诺现象（El Niño effect）**
指南美洲西海岸，海水周期性出现异常高温的现象。它的危害之一是在受影响海域造成海洋生物的食物短缺。

**发光器官（photophores）**
能够发出光亮的器官。通常深海鱼类身上都有这种器官。

**泛大陆（Pangaea）**
古代的一块超级大陆，由现在地球表面的所有陆地构成，后分裂并漂移，形成今天的陆地分布。

**方照小潮（neap tide）**
指农历每月初八、二十三日上弦月和下弦月时（月球、太阳和地球三者的位置形成直角），高低水位落差最小的潮水。

**风暴潮移动线（storm drift line）**
暴风雨天气中海水大幅升降，海岸上的潮水所到达的最高位置。这时的潮位大大地超过了平常的潮位。

**风浪（wind wave）**
风吹过海面形成的海浪。

**浮游动物（zooplankton）**
指漂浮在海面生活的动物，是浮游生物的一大类。它们大多数体形微小；但也有例外，如体形较大的水母。

**浮游生物（plankton）**
指漂浮在水中生活的动物、植物等生物。它们不会游泳，只能漂浮。

**浮游植物（phytoplankton）**
泛指漂浮在海洋中的微小的有机体，它们体内有能捕捉光的叶绿素。浮游植物利用阳光为自己制造食物的过程，被称为光合作用。

**俯冲带（subduction zone）**
指地壳板块下滑到另一块板块之下时，向下进入地幔的部分。

**盖伦帆船（galleon）**
一种大型的、悬挂横帆的船。15～17世纪间，许多航海国家都使用这种帆船进行贸易航行或参与战争。

**构造河口湾（tectonic estuary）**
指地壳运动时，如地震，形成的海湾。

**光照带（sunlight zone）**
指海洋的上层水域。这里阳光充足，有利于浮游生物的生长。

**海（sea）**
部分被陆地包围的海洋。

**海沟（trench）**
指海底狭长而陡峭的深沟。它产生于俯冲带，由地壳板块俯冲至另一板块之下形成。

**海浪（ocean wave）**
当能量在海水中传递时形成的波动，大部分海浪由吹过海洋表面的风形成。

**海面的（pelagic）**
指海底以上的水域，与"深海的"相对。

**海山（seamount）**
指水下的山峰，至少1000米高。它们大多数都是淹没在水下的火山。

**海蚀柱（sea stack）**
海浪侵蚀了石柱和海岸间的陆地，迫使石柱与海岬分离，形成海蚀柱。

**海啸（tsunami）**
地震或火山爆发导致海底震动，从而产生的巨浪运动。

**海星（sea stars）**
一类海洋动物，也叫星鱼。

**海洋学家（oceanographer）**
研究海洋的物理和化学特征的科学家。

**航海表（chronometer）**
用来测量经度的非常精确的计时器。

**河口湾（estuary）**
指河流淡水同海洋咸水混合的海湾。

**黑烟囱（black smoker）**
在喷口附近，热液中的矿物质沉积形成的岩质烟囱。这些"烟"其实是水，因含有硫黄和其他物质而呈黑色。

**环礁（atoll）**
海洋上呈环状的珊瑚礁，它的部分岛屿可能还会露出水面。

**环流（gyre）**
大面积的洋流环形运动。全世界共有五大环流，北半球环流顺时针流动，南半球环流逆时针流动。

**极地地区（polar regions）**
指地球南北两极的海域，那里海洋表面的水温接近零度。

**甲壳类动物（crustacean）**
一类长有带关节的足和坚硬外壳的动物，如蟹、虾、龙虾等。

**经度（longitude）**
一种表示地球上某点以西或以东的位置的距离的度量。

**鲸须（baleen）**
从鲸的上颌垂下来、长长的像毛刷一样的穗状物，长须鲸和蓝鲸都有鲸须。

**巨藻（kelps）**
一类大型褐藻，可沿着某些地区的海岸形成水下森林。

**浪（wave）**
见"海浪"。

**浪花带（spray zone）**
这是指沿岸位于一般高潮带之上的区域。

**墨西哥湾流（Gulf Stream）**
一条巨大的风向流或北大西洋环流的一部分。

**片脚类动物（amphipod）**
一类小型的甲壳类动物，身体扁平而瘦小，如生活在沙滩上的沙蚤。

**平顶海山（guyot）**
淹没在海水中的火山，顶部因侵蚀作用而变得很平。

**栖息地（habitat）**
动物或植物生活的特定区域。

**气候变化（climate change）**
见"全球气候变化"。

**迁徙（migration）**
指动物从一个地方迁到另一个地方的运动，通常这两处地方距离较远。海龟、鲸、海鸟、许多鱼类等，都在海平面以上或以下迁徙。

**潜水器（submersible）**
类似遥控潜水器（ROV）的水下装置。载人和无人驾驶的潜水器，都是海底研究的重要工具。

**侵蚀（erosion）**
指岩石或泥土遭受缓慢破坏的现象，它通常是由流水或风沙造成的。

**全球气候变化（global climate change）**
指全世界范围内的气候变化，大气中的二氧化碳和其他气体剧增是导致全球气候变化的主要原因，可引发包括全球变暖在内的一系列不利影响。

**裙礁（fringing reef）**
与海岸线紧密相连的珊瑚礁。

**热带海域（tropical regions）**
海水表面温度平均在20℃的海域。

**热液喷口（hydrothermal vent）**
指位于海底的热泉，内部不断有滚烫的海水涌出。喷口周围生活着一些奇特的海洋生物，如巨型管蠕虫。

**软珊瑚（soft corals）**
软珊瑚没有坚硬的碳酸钙外骨骼，也不能形成珊瑚礁。

**软体动物（mollusk）**
诸如蜗牛、蚌、鱿鱼和章鱼这样的动物。软体动物都是无脊椎动物，大多还长有外壳。

**珊瑚虫（coral polyp）**
珊瑚虫身体中空，呈管状，身体上方有开口，周围有用来捕食的触手。有些珊瑚虫可以制造碳酸钙质的外骨骼。

**珊瑚礁（coral reef）**
一种岩石结构，由大量的珊瑚虫骨骼堆积而成。

**深海的（benthic）**
位于海底深处的。

**深海平原（abyssal plain）**
洋盆中宽广、平坦且有淤泥覆盖的洋底。只有一些小型、喜泥的无脊椎动物生活在这里。

**生态系统（ecosystem）**
指某一地区内，所有生物及其环境中的非生物共同组成的自然体系。

**（生物）发光（bioluminescence）**
指一些生物体的特殊器官或其体内的发光细菌所发出的光，如灯笼鱼靠发光器官发光。

**声呐（sonar）**
通过测定物体反射的声波进行定位的技术，全称为"声音导航与测距"。

**食腐动物（scavenger）**
靠吃死掉的生物体为生的动物。

**食肉动物（carnivore）**
以其他动物为食的动物。

**食物网（food web）**
由相关的食物链组成的集合。

**世界海洋（world ocean）**
指覆盖地球表面超过70%的海水的总和。

**适应性进化（adaptation）**
指为了在某种环境中生存，生物体的某个部分或某种机能得到改进和提高。

**水产养殖（aquaculture）**
一种在围栏或水箱中饲养贝类、鱼或其他海洋生物的方法。

**水下听音器（hydrophone）**
一种用来测听水下声音的器材。

**朔月大潮（major spring tides）**
指农历每月初一朔月（新月）那天，高低水位落差最大的潮水。

**望月大潮（minor spring tides）**
指农历每月十五日望月（满月）那天，高低水位落差最大的潮水。

**伪装（camouflage）**
指帮助动物融入周围环境而不易被发觉的体色、体形和图案。

**纬度（latitude）**
一种表示地球上南方或北方的某点到赤道的距离的度量。

**温带海域（temperate regions）**
海水表面温度平均在10℃的海域。

**无脊椎动物（invertebrate）**
没有脊椎的动物。如蠕虫、珊瑚虫、虾、蛤、海星等。

**物种（species）**
一种生物体的总和，如蓝鲸、人类等。同一物种个体的体形相似、身体机能相近，不同物种之间从不或很少交配。

**峡湾（fjord）**
由冰川侵蚀形成的陡峭海湾。

**岩浆（magma）**
位于地壳以下的炽热的熔融态岩石。

**洋流（current）**
一大股运动中的海水。

**洋盆（ocean basins）**
地壳上杯状的凹陷，用以支撑海洋。

**遥控潜水器（ROV）**
一种远程操作装置，它通过电缆与操纵船捆绑在一起。其他的潜水装置还有自动操作潜水器，这种设备可以潜入水下，独立运行。

**藻类（algae）**
一类结构简单的植物体。海洋中的大部分浮游生物都是藻类。

**造船匠（shipwright）**
擅长造船的人。